SQL Server 数据库应用技术项目化教程

（微课版）

主　编　张　磊

副主编　张宗霞　刘艳春　苏玉萍

李　栋　冯学军

清华大学出版社

北　京

内 容 简 介

本书是 2018 年山东省职业教育精品资源共享课"SQL Server 数据库应用技术"的配套教材。随书配套大量教学视频和各类教学资源，方便开展线上与线下相结合的教学模式。

本书以 SQL Server 数据库系统的应用开发、系统运维和管理岗位培养为目标，选取有代表性的典型项目为载体，采用项目导向、任务驱动的方式设计本书内容。全书共 10 章，第 1~9 章内容涵盖数据库系统认知、安装和使用 SQL Server、创建和管理数据库、创建和管理数据表、编辑数据、数据查询、使用索引和视图优化查询、数据库编程、数据库安全管理，第 10 章介绍了学生成绩管理系统应用程序的设计与实施，从而实现了一个完整的数据库系统。每章配有丰富的实训和习题，方便读者进一步巩固知识、增强实践能力。书中的关键知识点及技能点均有对应的微课视频，课件、习题及讲义可通过扫描封底的二维码下载，实现随时随地在线学习。

本书可作为高职高专计算机类相关专业的数据库课程教材，也可作为数据库初学者的自学用书。

图书在版编目（CIP）数据

SQL Server 数据库应用技术项目化教程：微课版 / 张磊主编. —北京：清华大学出版社，2021.9
ISBN 978-7-302-58608-1

Ⅰ．①S…　Ⅱ．①张…　Ⅲ．①关系数据库系统—高等职业教育—教材　Ⅳ．①TP311.132.3

中国版本图书馆 CIP 数据核字（2021）第 131826 号

责任编辑：贾小红
封面设计：飞鸟互娱
版式设计：文森时代
责任校对：马军令
责任印制：宋　林

出版发行：清华大学出版社
　　　　网　　　址：http://www.tup.com.cn，http://www.wqbook.com
　　　　地　　　址：北京清华大学学研大厦 A 座　　　邮　　编：100084
　　　　社 总 机：010-62770175　　　　邮　　购：010-62786544
　　　　投稿与读者服务：010-62776969，c-service@tup.tsinghua.edu.cn
　　　　质量反馈：010-62772015，zhiliang@tup.tsinghua.edu.cn
印 装 者：三河市君旺印务有限公司
经　　销：全国新华书店
开　　本：185mm×260mm　　　印　　张：16　　　字　　数：370 千字
版　　次：2021 年 9 月第 1 版　　　印　　次：2021 年 9 月第 1 次印刷
定　　价：56.00 元

产品编号：090939-01

前　言

　　SQL Server 是 Microsoft 公司推出的一种关系型数据库管理系统，由于其具有易用性、可扩展性、较高级别的安全性、高有效性、与许多其他服务器软件紧密关联的集成性等特点，已被广泛应用于信息系统管理、企业数据处理、电子商务网站等领域，因此市场对掌握 SQL Server 数据库系统应用开发和管理的人员的需求量很大。当前，SQL Server 数据库技术及应用课程已成为高等职业院校计算机类专业的一门重要的专业课程。

　　本书从零开始讲解数据库的基础知识和 SQL Server 的应用，通过实现一个完整的学生成绩管理系统，引导学生掌握 SQL Server 的使用和数据库管理。与其他同类教材相比，本书具有如下特点。

　　（1）项目导向、任务驱动。以学生熟悉的项目的开发为主线，将每个项目拆分成若干任务，以任务的完成展开知识的讲解和技能的训练。

　　（2）理实一体化设计。通过目标描述、任务描述、任务实施、相关知识、实训、课后习题这一编写体系结构，实现理实一体化。

　　（3）基于工作过程的项目开发。项目的展开是基于工作过程导向的，以职业活动顺序展开，按照设计数据库、创建数据库、创建表、编辑数据、查询数据、创建视图和索引、编写存储过程和触发器直至开发一个完整的学生成绩管理系统，使学习者可以学以致用，了解并掌握数据库应用系统开发的完整过程。

　　（4）配套资源丰富。本书为省级精品资源共享课的配套教材，编写团队制作了大量的微课视频、PPT 课件、教案、试题库等，方便广大读者使用。

　　全书共 10 章，主要内容介绍如下。

　　第 1 章：数据库系统认知。主要介绍数据管理技术的发展和与数据库相关的基本概念，重点以学生成绩管理系统为项目背景，学习数据库设计的思路和技术。

　　第 2 章：安装和使用 SQL Server。主要介绍 SQL Server 的安装、配置与使用。

　　第 3 章：创建和管理数据库。介绍 SQL Server 数据库的逻辑结构和物理结构，以学生成绩管理数据库为例，使用图形化界面和 T-SQL 语句两种方式创建和管理数据库。

　　第 4 章：创建和管理数据表。主要介绍 SQL Server 的数据类型，以学生成绩管理系统中涉及的表为例，介绍使用图形化界面和 T-SQL 语句创建、修改数据表结构的方法，讲解数据完整性的概念以及实现。

　　第 5 章：编辑数据。以学生成绩管理系统中涉及的表为例，主要介绍插入记录、删除记录和修改记录的方法。

第 6 章：数据查询。介绍查询语句的基本格式，使用查询语句对学生成绩管理数据库中的表进行查询，掌握简单查询、汇总查询、连接查询、子查询等的使用。

第 7 章：使用索引和视图优化进行查询。介绍创建索引的原则、方法；视图的功能、创建视图以及使用视图。

第 8 章：数据库编程。介绍 T-SQL 编程的基础知识、存储过程以及触发器的创建与使用。

第 9 章：数据库安全管理。主要介绍 SQL Server 的安全机制、用户管理、权限管理、角色管理；数据库中数据的备份与恢复、导入与导出等。

第 10 章：开发学生成绩管理系统。介绍学生成绩管理系统的功能模块设计、界面设计，基于 Visual Studio 开发平台编写代码，实现学生成绩管理数据库系统的开发。

本书由张磊担任主编，书中第 2～4 章由刘艳春编写，第 5～7 章由张宗霞编写，第 9～10 章由李栋编写，第 1 章和第 8 章由张磊编写。书中的课后习题及实训由苏玉萍编写，全书由张磊策划和统稿。此外，本书还得到了浪潮集团项目经理冯学军的指导，在本书的写作过程中，刘扬、陈双参与了课程资源的建设，在此一并表示感谢！

本书凝聚了作者多年的教学和实践经验，但由于水平有限，疏漏之处在所难免，敬请广大读者提出宝贵意见。

作　者

2021.4

目　录

第 3 章　创建和管理数据库

第 1 章

数据库系统认知

　　超市收银员只要扫描条形码，就能调出商品价格，快速结账；火车售票员只要输入出发地和目的地，就能调出车次、价格及车票剩余数量，快速售票；输入游戏账号和密码，就能调出玩家的信息；还有每天网站发布的新闻、可转载的网络小说、博客文章等，这些信息都是存储在数据库中的。正因为有了数据库，才使我们的生活变得丰富多彩，也使很多事情轻松便捷，可以说数据库已经渗透到我们生活的方方面面。经过统计表明，程序员开发的应用软件，95%都需要使用数据库来存储数据。

　　数据库技术是计算机科学技术中应用最广泛的分支之一，政府部门、银行、证券、医院、各类企业，实施信息化都会用到数据库进行存储与管理，数据库是信息技术中的一个重要支撑，已经成为计算机数据处理和信息化的重要基础和核心。通过学习数据库有关基础知识，可为进行数据库开发和管理奠定基础。

知识目标

- ❑ 了解数据管理技术的发展。
- ❑ 掌握数据库的基本概念。
- ❑ 掌握数据库系统的组成。
- ❑ 掌握 3 种经典数据模型。
- ❑ 掌握 DBMS 的主要功能。
- ❑ 了解关系数据库的设计步骤。
- ❑ 掌握概念模型及相关概念，会用 E-R 图表示概念模型。
- ❑ 掌握关系模型及相关概念，熟练掌握 E-R 图向关系模型转换的原则。
- ❑ 了解数据表物理结构设计。

能力目标

- 认识数据库应用系统的组成，对数据库应用系统有一定的感性认识。
- 能够描述数据库应用的案例。
- 具备小型关系型数据库的初步设计能力，能依据需求分析画出 E-R 图，能将 E-R 图转换为关系模型，会依据规范化理论将关系模型进行规范化设计，会为规范化的关系模型选取一个合理的物理结构。

任务 1.1   了解数据管理技术的发展

数据是描述现实世界事物的符号记录，包括数字、文字、图形、图像、音频、视频等。数据管理是指对各种数据进行分类、组织、编码、存储、检索和维护，数据管理技术的发展经历了人工管理阶段、文件系统阶段和数据库系统阶段，正在向网络化、智能化和集成化的方向发展。

1.1.1   人工管理阶段

20 世纪 50 年代中期以前，计算机主要用于科学计算。那时的软硬件均不完善，硬件存储设备只有纸带、卡片、磁带；软件方面没有专门的操作系统。程序员在应用程序中不仅要规定数据的逻辑结构，还要设计其物理结构，包括存储结构、存取方法、输入/输出方式等。数据是面向应用的，不同的计算应用程序之间不能共享数据。

人工管理阶段的主要特点可以归纳为以下 4 点。

（1）计算机中没有支持数据管理的软件。

（2）数据组织面向应用，数据不能共享，数据重复。

（3）在应用程序中要规定数据的逻辑结构和物理结构，数据与程序不独立。

（4）数据处理方式为批处理。

人工管理阶段的应用程序和数据的关系如图 1-1 所示。

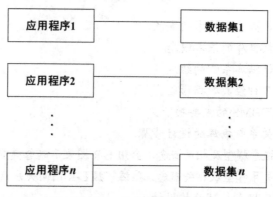

图 1-1   人工管理阶段

1.1.2　文件系统阶段

20 世纪 50 年代中期到 60 年代中期，由于计算机磁鼓和磁盘等存储设备的出现，推动了软件技术的发展，因此出现了操作系统和高级语言，使数据管理进入一个新的阶段。在文件系统阶段，数据以文件为单位存储在外存储器上，并由操作系统统一管理。程序和数据有了一定的独立性，用户的程序和数据可以分别存储在外存储器上，应用程序可以共享一组数据，实现了以文件为单位的数据共享。

但由于数据的组织仍然是面向程序的，因此存在大量的数据冗余。数据的逻辑结构不能被方便地修改和扩充，如果数据的逻辑结构发生变化，则要修改相应的程序。此时，程序和文件之间的关系如图 1-2 所示。

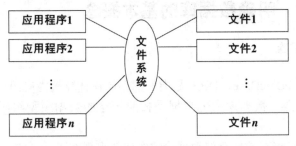

图 1-2　文件系统阶段

1.1.3　数据库系统阶段

20 世纪 60 年代后期，计算机软硬件的功能越来越强，计算机应用于管理方面的规模越来越大，人们对数据管理技术提出了更高的要求。于是用来存储和管理大量复杂信息的"数据库管理系统"应运而生，如图 1-3 所示。

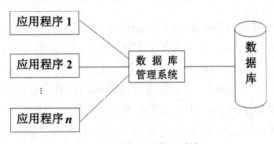

图 1-3　数据库管理系统

与文件系统相比，数据库系统的特点表现在以下 5 个方面。

（1）数据结构化。对数据的管理由数据库管理系统来完成，用户只需要提出要"做什么"，无须关心"怎么做"。

（2）数据独立。应用程序和数据相互独立。数据库的建立通过数据模型来描述，与使用数据的应用程序无关，这样使得应用程序的编写不再考虑数据的描述和存储。

（3）数据共享。允许多个应用程序同时访问数据库中的同一个数据，提供并发控制机制，保证多个用户同时更新数据库时能得到正确的结果。

（4）数据冗余小。通过将数据集成为一个逻辑模式，使每个逻辑数据项只存储一次。

（5）完善的数据控制。数据库管理系统提供对数据的安全控制、完整性控制、并发控制及数据库恢复机制。

数据库系统的出现将数据管理带入了一个新时代，数据库成为现代信息系统不可分离的组成部分，几乎所有的信息管理系统都以数据库为核心，数据库技术也成为计算机领域中发展速度最快的技术之一。

任务 1.2　明确数据库的基本概念

1.2.1　数据库

数据库（DataBase，DB）是指长期存储在计算机内有组织、可共享的相关数据集合。数据库中的数据是按照一定的数据模型组织、描述和存储的。

数据库能够高效地存储数据，它的优势表现在以下 4 点。

（1）可以结构化存储大量的数据信息，方便用户高效地检索。

（2）可以满足数据的共享和安全方面的要求。

（3）可以有效地保持数据信息的一致性、完整性，降低数据冗余。

（4）能够方便智能化的分析，产生新的有用信息。

1.2.2　数据库管理系统

数据库管理系统（DataBase Management System，DBMS）是一种操纵和管理数据库的系统软件，用于建立、使用、维护和管理数据库。常用的 DBMS 有 SQL Server、Oracle、DB2、Sybase 等。它的主要功能包括以下 4 点。

（1）数据定义功能：定义数据库结构和数据库中的数据对象。

（2）数据操作功能：实现数据的插入、删除、修改和查询等操作。

（3）数据库的运行管理：实现多用户环境下的并发控制、事务管理、安全性检查、日志的组织管理、性能监视与分析等。

（4）数据库的维护功能：数据库备份、数据库系统的故障恢复功能等。

1.2.3　数据库系统

数据库系统通常是指数据库和相应的软硬件系统，专门用于完成特定的业务信息处理，主要由数据库、用户、软件和硬件 4 部分组成，如图 1-4

所示。

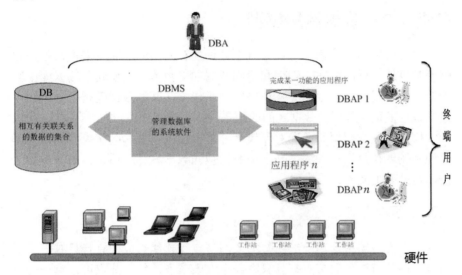

图 1-4 数据库系统构成

（1）硬件系统。硬件平台具有满足数据库需求的存储、计算、通信和服务能力，为数据库的持续发展提供保障。大型数据库系统的环境一般是由以超级数据库服务器系统为核心的海量数据存储、处理和服务搭建的。

（2）软件系统。主要有操作系统、数据库管理系统、数据库应用系统开发工具及数据库应用程序。

（3）数据库。长期保存在计算机存储设备上，是按某种数据模型组织起来的、可以被各种用户和应用程序共享的数据集合。

（4）用户。指使用数据库的人，主要有以下4类。

第一类为系统分析员和数据库设计人员，系统分析员负责应用系统的需求分析和规范说明，他们和用户及数据库管理员一起确定系统的硬件配置，并参与数据库系统的概要设计。数据库设计人员负责数据库中数据的确定、数据库各级模式的设计。

第二类为应用程序员，负责为终端用户设计和编制使用数据库的应用程序，以便终端用户对数据库进行存取操作。

第三类为最终用户，主要是使用数据库的各级管理人员、工程技术人员、科研人员，一般为非计算机专业人员。

第四类用户是数据库管理员（Data Base Administrator，DBA），负责数据库的总体信息控制。DBA 的具体职责包括决定数据库中的信息内容和结构；决定数据库的存储结构和存取策略；定义数据库的安全性要求和完整性约束条件；监控数据库的使用和运行；负责数据库的性能改进、重组和重构，以提高系统的性能。

🔺 任务 1.3 认识数据模型

数据模型是指数据库管理系统中数据的存储结构。简单来说，就是数据库是以什么样的方式来管理和组织数据的。数据模型反映了数据库中数据的整体逻辑组织，数据库管理系统都是建立在某种数据模型基础上的，根据数据模型对数据及数据之间的联系进行存储和管理，主要有层次模型、网状模型、关系模型和面向对象模型。基于层次模型和网状模型的数据库管理系统现在已经被淘汰；基于关系模型的数据库管理系统占据了主导地位，是目前主流的数据模型。

1.3.1 层次模型

层次模型用树形结构组织数据，由节点和连线组成，有且只有一个根节点，根节点以外的节点有且只有一个双亲节点，每个节点可以有一个或多个子节点。其中，节点表示实体，连线表示实体间的关系。图 1-5 给出了一个层次模型示例。

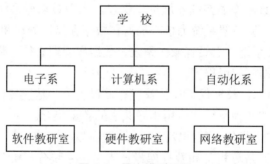

图 1-5　层次模型示例

层次模型中，不同层次之间的关联性直接；缺点是由于数据纵向发展，横向关系难以建立，数据可能会重复出现，同时插入、删除数据较为麻烦，造成管理维护的不方便。

层次型数据库管理系统的典型代表是 IBM 公司的 IMS（Information Management System），这是 1968 年由 IBM 公司推出的第一个大型的商用数据库管理系统，在 20 世纪 70 年代得到了广泛的应用。

1.3.2 网状模型

在现实世界中，事物之间的联系更多为非层次关系，网状结构更容易表示实体之间的联系，用网状结构表示实体及实体之间联系的数据模型称为网状模型。在网状模型中，节点表示实体，连线表示实体间的联系，每个节点都可以和一个或多个节点有联系，从而构成了一个复杂的网络。

图 1-6 给出了一个网状模型示例。

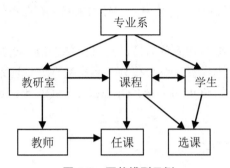

图 1-6　网状模型示例

网状结构的优点是很容易反映实体间的联系，避免了数据的重复性；缺点是这种关系错综复杂，当数据逐渐增多时，数据维护困难，扩展性受到限制。

1.3.3　关系模型

关系模型以二维表的形式组织数据，每张二维表称为一个关系。表 1-1 为存储学生信息的关系模型示例。

表 1-1　学生信息表

学　号	姓　名	性　别	出 生 日 期	家 庭 住 址
J1500101	李明明	男	1998.5.6	北京
J1500102	赵志军	男	1997.11.3	上海
J1500103	孙丽丽	女	1997.6.18	成都
J1500104	王小丹	女	1998.9.15	青岛

在二维表中，每一行称为一条记录，用来描述一个实体的信息；每一列称为一个字段，用来描述实体的一个属性。数据表与数据表之间存在相应的关联，将用这些关联来查询相关的数据。

关系模型中的基本概念如下。

❏ 关系：就是一张二维表，由行和列组成，每个关系都有一个关系名。

❏ 元组：指表中的一行。关系中的元组不能重复。

❏ 属性：指表中的一列。每个属性都有一个属性名，关系中的属性具有原子性，即不能再进行分割。

❏ 候选码：在关系中能唯一标识元组的属性或属性集。

❏ 主码：用户选作元组标识的一个候选码为主码。

❏ 域：属性的取值范围。

❏ 关系模式：对关系的描述，可写成关系名（属性 1，属性 2，…，属性 n）。

例如，表 1-1 所描述的学生信息关系可写成学生信息（<u>学号</u>，姓名，性别，出生日期，家庭住址）。其中，学号为主码，在关系模式中一般用下画线标出。

关系模型的数据结构简单易懂，是目前使用最广泛的一种数据模型，采用关系模型的数据库管理系统称为关系型数据库管理系统，目前主流的数据库管理系统，如 SQL Server、Oracle、MySQL 等都是关系型数据库管理系统。

1.3.4 面向对象模型

面向对象模型是一种新兴的数据模型，它将面向对象的思想和数据库技术结合起来，以对象为单位进行存储，每个对象包括对象的属性和方法，可以将对数据库系统的分析、设计与人们对客观世界的认识统一，它有如下一些优点。

（1）与关系数据库相比，其伸缩性和扩展性有较大提高，特别是在大型数据库系统中，可以处理复杂的数据类型和关系模型。

（2）避免数据库内容冗余，面向对象模型利用集成的方法，可以实现数据的重用。

（3）提高了对数据库中大对象（文本、图像、视频）信息的描述、操作和检索能力。

但是，面向对象模型缺乏像关系模型那样坚实成熟的理论基础，运行效率也较差，因此当前尚未有完全基于面向对象模型的数据库管理系统，软件厂家们都在积极尝试着将面向对象的思想引入关系数据库中，这也是将来发展的一个趋势。

🔺 任务 1.4 设计关系数据库

1.4.1 数据库设计步骤

在给定的数据库管理系统（DBMS）、操作系统和硬件环境下，如何表达用户的需求并将其转换为有效的数据库结构以构成较好的数据库模式，这个过程称为数据库设计。数据库的设计一般分为 6 个阶段，即需求分析、概念结构设计、逻辑结构设计、物理结构设计、数据库实施和数据库运行与维护，如图 1-7 所示。

需求分析阶段的主要任务是调查、收集与分析数据、功能和性能。

概念结构设计是将用户需求抽象为概念模型的过程。

逻辑结构设计是将概念模型转换为关系模型，并用规范化理论进行优化。

物理结构设计是为关系模型选择适合的物理结构。

在数据库实施阶段要定义数据库结构，进行装载数据试运行。

在数据库运行与维护阶段则需要在使用数据库时，对数据库进行日常的维护。

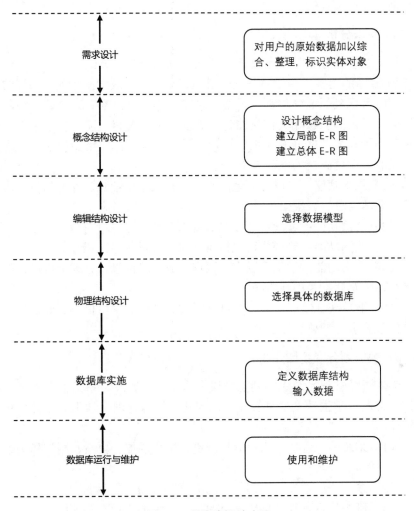

图 1-7 数据库设计步骤

1.4.2 学生成绩管理数据库需求分析

1. 项目背景

在如今的高校日常管理中，学生成绩管理是其中非常重要的一部分，由于高校学生规模大、课程门类多、校区分散等实际情况，学生信息、课程信息以及成绩信息的录入、修改与查询是一项十分烦琐的工作。如果实行手工操作，需要填制大量表格，这会耗费大量的人力和物力，而运用计算机进行这项工作，则具有手工管理无可比拟的优点，例如检索迅速、查找方便、存储量大、可靠性高、保密性好、成本低等，因此利用计算机实现学生成绩的管理势在必行。为了实现对学生及学生成绩的有序和规范管理，现需设计和开发一个简单的学生成绩管理系统，实现对学生情况、学生成绩等信息的录入和修改，以及对学生和学生成绩等信息进行简单快捷的查询、管理及维护。

2. 需求分析

学生成绩管理系统是高校教务管理系统的一个重要组成部分，应该完成 3 个方面的内容，即学生基本资料的管理、学生成绩的管理、课程的管理，同时考虑到每名学生都属于某个班级、每个班级都有隶属的系部，因此还会有系部和班级相关信息的管理需求，每个内容均需要提供录入、修改和查询的功能。在开发学生成绩管理系统过程中，收集到的客户需求文档记录的关键可概括为以下 5 个部分。

（1）录入功能：可以方便地向数据库录入学生信息、课程信息、成绩信息、系部信息、班级信息。

（2）修改功能：管理员可以对数据库中的信息进行修改。

（3）删除功能：管理员可以按条件对数据进行删除操作。

（4）查询功能：学生可以查找课程、成绩等信息，管理员可以按要求选择查询所有信息并进行排序。

（5）汇总统计功能：管理员可以通过此功能对学生信息、课程信息和成绩信息等进行汇总统计。

3. 模块划分（见图 1-8）

学生成绩管理系统主要功能模块为系统用户管理、系部信息管理、班级信息管理、学生基本信息管理、课程基本信息管理、学生成绩管理和查询统计。

（1）系统用户管理：用户信息浏览、用户添加、更新、删除和更改密码，用户权限管理。

（2）系部信息管理：系部信息的浏览、添加、更新和删除。

（3）班级信息管理：班级信息的浏览、添加、更新和删除。

（4）学生基本信息管理：将新生信息整理成在校学生数据，进行学生在校期间的基本信息录入、查询、修改、统计。

（5）课程基本信息管理：提供课程信息的录入、查询、修改、统计。

（6）学生成绩管理：包括学生各学期成绩的录入、查询、修改。

（7）查询统计：对系统中的数据进行综合查询、汇总统计，形成报表。

其中，用户信息包括账号、用户名和密码，账号唯一；系部信息包括系部编号、系部名称、负责人和电话；班级信息包括班级编号、专业和辅导员，一个班级只能隶属于一个系部；学生信息包括学号、姓名、性别、出生日期、联系电话，一名学生只能隶属于一个班级。课程信息包括课程号、课程名称、学时、学分和课程类型，课程类型只限选修课、必修课两种。一名学生可以选修多门课程，一门课程也可以被多名学生选修。

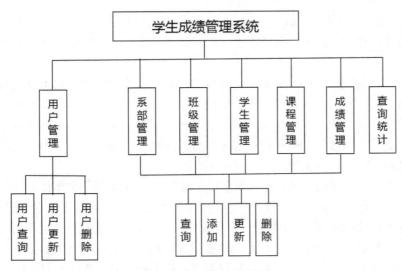

图 1-8　学生成绩管理系统模块划分

1.4.3　概念结构设计

概念模型是经过对现实世界中的事物及其联系的认识、理解、分析和整理，即第一次抽象建立的模型。概念模型用于信息世界的建模，是现实世界到机器世界的一个中间层次。它是数据库设计的有力工具，也是数据库设计人员和用户之间进行交流的语言。

要求概念模型有较强的语义表达能力，能够方便、直接地表达应用中的各种语义知识，简单、清晰、易于用户理解。

1. 概念模型中的基本概念

（1）实体（Entity）。客观存在并可相互区别的事物。实体可以是具体的人、事、物或抽象的概念。如一名学生、一门课程或一个系等。

（2）实体集（Entity Set）。同一类型实体的集合。例如，全体学生构成一个学生实体集。

（3）属性（Attribute）。实体所具有的某一特性。一个实体可以由若干个属性来刻画。例如，学生可以用学号、姓名、性别、出生日期等属性来描述。课程用课程号、课程名称、学时、学分和课程类型等属性来描述。选修课程用学号、课程号和成绩属性来描述。

（4）关键字（Key）。唯一标识实体的属性或属性组合。例如，在学生实体集中，学号可以唯一标识出每个学生实体，所以学号可以作为学生的关键字。有时关键字可能是多个属性的组合。例如，在选课实体集中，只有学号和课程号的组合才能唯一确定一次选课记录，所以选课的关键字为学号和课程号的组合。

（5）域（Domain）。属性的取值范围称为该属性的域。例如，性别的域为（男，女），成绩的域为[0,100]。

（6）实体型（Entity Type）。用实体名及其属性名集合来抽象和刻画同类实体，称为实体型。例如学生（学号，姓名，性别，出生日期，联系电话，民族）。

（7）联系（Relationship）。在现实世界中，事物内部以及事物之间不是孤立的，而是有联系的。在信息世界中反映为实体内部的联系和实体之间的联系。经常用到的是两个实体型之间的联系。例如，学生和课程之间有"选课"的联系，教师和系部之间有"隶属"的联系。两个实体型之间的联系归纳为以下 3 种。

① 一对一联系（1∶1）。如果对于实体集 A 中的每一个实体，实体集 B 中至多有一个实体与之联系，则称实体集 A 与实体集 B 具有一对一联系，记为 1:1。例如，在中国实行一夫一妻制，一个丈夫只能有一个妻子，一个妻子也只能有一个丈夫，则丈夫和妻子是一对一的关系；再例如，若一门课程只选用一本教材，一本教材只用于一门课程，则课程和教材之间具有一对一的联系。

② 一对多联系（1∶n）。如果对于实体集 A 中的每一个实体，实体集 B 中有 n 个实体（$n \geq 0$）与之联系，对于实体集 B 中的每一个实体，实体集 A 中至多只有一个实体与之联系，则称实体集 A 与实体集 B 有一对多联系，记为 1∶n。例如，班级和学生，一个班级有多名学生，而一名学生只能隶属于一个班级，所以班级和学生之间具有一对多的联系。

③ 多对多联系（$m∶n$）。如果对于实体集 A 中的每一个实体，实体集 B 中有 n 个实体（$n \geq 0$）与之联系，反之，对于实体集 B 中的每一个实体，实体集 A 中也有 m 个实体（$m \geq 0$）与之联系，则称实体集 A 与实体集 B 具有多对多联系，记为 $m∶n$。例如，学生和课程，一名学生可以选修多门课程，一门课程也可以由多名学生选修，所以学生和课程之间具有多对多的联系。

2. 概念模型的表示方法

概念模型最常用的表示方法为实体-联系方法，由 Peter chen 于 1976 年提出，该方法用 E-R 图来描述概念模型。E-R 图用几种简单的图形元素来描述实体、实体的属性和实体之间的联系。E-R 图中的图形元素包含以下 3 种。

（1）矩形：用矩形表示实体型，矩形框内写明实体型名。

（2）椭圆：用椭圆表示实体的属性，椭圆内写明属性的名称，并用直线将属性和对应的实体连起来。例如学生的属性有学号、姓名、性别和出生日期，则用图 1-9 表示学生实体及其属性。

（3）菱形：用菱形表示实体型之间的联系。菱形内写明联系的名称，并用直线将联系和相关的实体连起来，同时在直线旁标上联系的类型。若联系本身也有属性，则表示方法和实体的属性表示一样。图 1-10 用 E-R 图来表示两个实体型之间的 3 种联系。

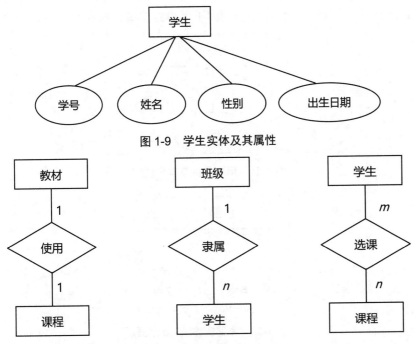

图 1-9　学生实体及其属性

图 1-10　实体型之间的 3 种联系

3．概念结构设计的步骤

概念结构设计就是根据需求分析的结果设计概念模型，用 E-R 图表示。概念结构设计一般分为以下步骤。

（1）数据抽象与设计局部 E-R 图。根据需求分析的结果，抽取出项目涉及实体，确定实体的属性，明确实体之间的联系，画出局部 E-R 图。

（2）设计全局 E-R 图。合并局部 E-R 图，生成全局 E-R 图，消除合并时产生的冲突。

（3）优化全局 E-R 图。消除全局 E-R 图中的冗余属性和冗余联系。

4．学生成绩管理数据库的逻辑结构设计

根据学生成绩管理系统的需求分析，抽取出项目中涉及的实体型如下。

（1）用户（<u>账号</u>，用户名，密码），带下画线的属性为关键字，以下相同。

（2）系部（<u>系部编号</u>，系部名称，负责人，电话）。

（3）班级（<u>班级编号</u>，专业，辅导员）。

（4）学生（<u>学号</u>，姓名，性别，出生日期，联系电话）。

（5）课程（<u>课程号</u>，课程名称，学时，学分，课程类型）。

实体型之间的联系：系部和班级具有一对多的联系，班级和学生具有一对多的联系，学生和课程具有多对多的联系。

（1）设计局部 E-R 图。单独画出每个实体型的 E-R 图，如图 1-11～

图 1-15 所示，这样在下面的联系图中不用再画实体的属性。

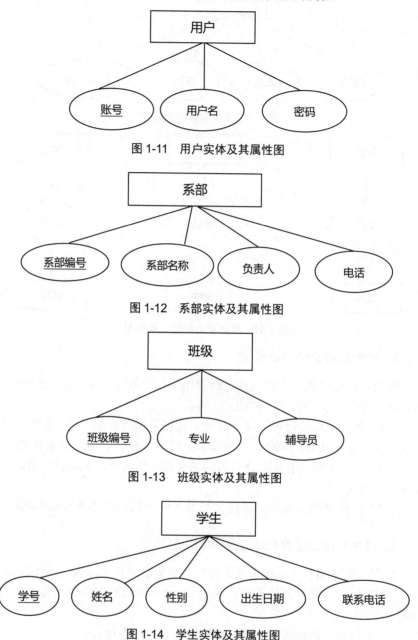

图 1-11   用户实体及其属性图

图 1-12   系部实体及其属性图

图 1-13   班级实体及其属性图

图 1-14   学生实体及其属性图

（2）画出实体型之间的联系 E-R 图，如图 1-16 所示。

（3）设计全局 E-R 图。将实体和属性、实体之间的联系优化到一个全局 E-R 图中，结果如图 1-17 所示。

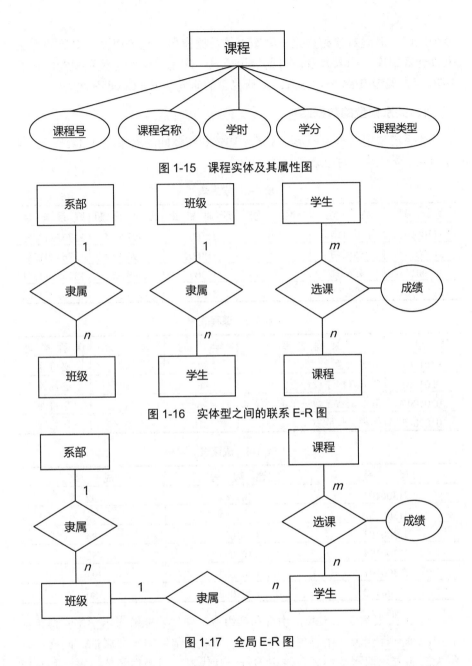

图 1-15　课程实体及其属性图

图 1-16　实体型之间的联系 E-R 图

图 1-17　全局 E-R 图

1.4.4　逻辑结构设计

逻辑结构设计就是将 E-R 图转换为对应的逻辑模型。逻辑模型用有严格语法和语义的语言对数据进行严格的形式化定义、限制和规定，使模型转换为计算机可以理解的格式。逻辑模型主要有层次模型、网状模型、关系模型和面向对象模型。前 3 种模型之间的根本区别在于用以表示实体之间的联系的方式不同。层次模型用树形结构来表示各类实体以及实体间的联系，网状模型用图结构表示实体类型及实体间的联系，这两种模型已经很少应用。面向对象模型是一种新兴的数据模型，它采用面向对象的方法来设计数据库，尚未普及。目前理论成熟、应用广泛的是关系模型，它于1970 年由美国 IBM 公司 San Jose 研究室的研究员 E.F.Codd 首次提出。

1. 关系模型的数据结构

关系模型用二维表的形式来表示实体和实体间的联系。表 1-2～表 1-4分别表示学生表、课程表和成绩表。

表 1-2　学生表

学　号	姓　名	性　别	所属班级	出生日期	联系电话
J1300101	王一诺	男	J13001	1997.8.15	13763247853
J1300102	孙俊明	男	J13001	1996.12.4	13763291286
J1300103	赵子萱	女	J13001	1998.3.5	13763284361
J1300104	殷志浩	男	J13001	1997.5.23	13763274502

表 1-3　课程表

课程号	课程名称	学　时	学　分	课程类型
0101001	高等数学	128	8	必修课
0201002	C 语言程序设计	96	6	必修课
0201003	SQL Server 数据库应用技术	96	6	必修课
0102005	影视文化欣赏	32	2	选修课

表 1-4　成绩表

学　号	课　程　号	成　绩
J1300101	0101001	92
J1300102	0101001	75
J1300103	0101001	84
J1300104	0101001	52
J1300101	0201002	93
J1300102	0201002	80

这 3 张表都是二维表，由行和列组成。学生表能够表示学生实体集，表中的每一行代表一个学生实体，每一列对应学生的一个属性。同样，课程表能够表示课程实体集，表中的每一行代表一门课程实体，每一列对应课程的一个属性。再分析表 1-4，不妨看表中的第一行记录，这一行表示学号为 J1300101 的学生选修了课程号为 0101001 的课程，成绩为 92 分。这张二维表其实反映了学生和课程之间的选课联系。所以，用二维表既可以表示实体，也可以表示实体之间的联系。

下面介绍关系模型中的一些相关概念。

（1）记录。表中的一行即为一条记录，也叫元组。

（2）关系。属性数目相同的元组的集合。一个关系对应通常说的一张二维表。例如，表 1-2、表 1-3 和表 1-4 都是关系。

在关系模型中，对关系做了下列规范性限制。

① 关系中的每一个属性值都是不可分解的。

表 1-5 就不能称为一个关系。

表 1-5 学生成绩表

学　号	成　绩		
	高　数	英　语	体　育
J1300101	92	88	90
J1300102	75	70	85
J1300103	84	80	83

② 关系中不允许出现重复元组（即不允许出现相同的元组）。

③ 由于关系是一个集合，因此不考虑元组间的顺序，即没有行序。

④ 元组中的属性在理论上也是无序的。

（3）属性。关系中的每一列称为一个属性，又称为列或字段，在一个关系中属性名互不相同。

（4）主键。即表中的某个属性或属性组，它可以唯一确定一条记录。例如，学生表中的学号为主键；课程表中的课程号为主键；成绩表中学号和课程号的组合为主键。由多个属性组合构成的叫作联合主键。

（5）关系模式。即对关系的描述，形如关系名（属性 1，属性 2，…，属性 n）。例如，学生关系的关系模式为学生（学号，姓名，性别，所属班级，出生日期，联系电话，民族）。关系模式是型，关系是它的值。关系模式是静态的、稳定的，而关系是动态的、随时间不断变化的。

2. 关系数据模型的优点

（1）关系模型是建立在严格的数学理论、集合论和谓词演算公式基础上的。

（2）概念单一。实体和各类联系都用关系来表示，而且对数据的检索结果也是关系。

（3）关系模型的存取路径对用户隐藏，从而具有更高的数据独立性、更好的安全保密性，也简化了程序员的工作及数据库开发建立的工作。

3. 概念模型向关系模型的转换

概念模型一般都用 E-R 图表示，E-R 图是由实体、实体的属性和实体之间的联系 3 个要素构成的，将概念模型转换为关系模型实际上就是将实体、实体的属性和联系转换为关系模式。遵守的转换原则如下。

（1）一个实体型转换为一个关系模式，实体属性就是关系的属性，实体的关键字就是关系的关键字。

例如，学生实体型可以转换为学生（学号，姓名，性别，所属班级，出生日期，联系电话）的一个关系模式（说明：带下画线的为主键，以下相同）。同样，系部、课程和教师等实体型都可以转换为对应的关系模式。

（2）一个一对一联系可以转换为一个独立的关系模式，也可以与任意一端对应的关系模式合并。因为后一种可以减少关系个数，所以一般倾向于后一种。

如果转换为一个独立的关系模式，则与该联系相连的各实体的关键字以及联系本身的属性均转换为关系的属性，每个实体的关键字均是该关系的候选关键字。例如，如果课程和教材之间具有一对一的选用联系，即一门课只选用一本教材，一本教材只用于一门课，那么可以把这个联系转换为一个独立的关系模式，即教材选用（课程号，教材编号），教材编号和课程号都可以作为主键。

如果与某一端实体对应的关系模式合并，则需要在该关系模式的属性中加入另一个关系模式的关键字和联系本身的属性。例如，还是前面介绍过的使用联系，也可以和课程或教材关系模式合并，如果与课程关系模式合并，只需在课程关系模式中再增加教材的关键字教材编号这一属性；若与教材关系模式合并，只需在教材关系模式中再增加课程的关键字课程号这一属性。

（3）一个一对多联系可以与 n 端对应的关系模式合并。

通常将 1 端与 n 端实体对应的关系模式合并，需要在该关系模式的属性中加入另一个关系模式的关键字和联系本身的属性。

例如，班级和学生的隶属联系，可以与学生关系模式合并，也就是在学生关系模式中加入班级编号，将学生关系模式更改为学生（学号，姓名，性别，出生日期，联系电话，民族，班级编号）。

（4）一个多对多联系转换为一个关系模式。

与该联系相连的各实体的关键字以及联系本身的属性均转换为关系的属性，而关系的关键字为各实体关键字的组合。

例如，学生和课程之间具有多对多的选课联系，可以将这个联系转换为选课（学号，课程号，成绩）的关系模式，其中学号和课程号的组合为主键。

4. 任务实施

依据 E-R 图向关系模式转换的原则，将学生成绩管理系统的 E-R 图进行如下转换。

（1）将每个实体型转换为对应的关系模式，转换结果如下。

用户（账号，用户名，密码）。

系部（系部编号，系部名称，负责人，电话）。

班级（班级编号，专业，辅导员）。

学生（学号，姓名，性别，出生日期，联系电话）。

课程（<u>课程号</u>，课程名称，学时，学分，课程类型）。

（2）将实体型之间的联系转换为对应的关系模式。

系部和班级具有一对多的联系，这个联系转换的关系模式与 n 端班级对应的关系模式合并，具体就是将班级关系模式中增加系部编号这个属性，结果为班级（<u>班级编号</u>，专业，辅导员，所属系部编号）。这样，班级关系模式既体现班级实体型，也体现系部与班级的一对多联系。

为了体现班级和学生具有一对多的联系，将学生关系模式修改为学生（<u>学号</u>，姓名，性别，出生日期，联系电话，民族，所属班级编号）。

将学生和课程具有的多对多联系转换为一个独立的关系模式，即选课（<u>学号，课程号</u>，成绩）。

（3）综合上述，转换的结果如下。

用户（<u>账号</u>，用户名，密码）。

系部（<u>系部编号</u>，系部名称，负责人，电话）。

班级（<u>班级编号</u>，专业，辅导员，所属系部编号）。

学生（<u>学号</u>，姓名，性别，出生日期，联系电话，所属班级编号）。

课程（<u>课程号</u>，课程名称，学时，学分，课程类型）。

选课（<u>学号，课程号</u>，成绩）。

5．知识拓展

为了建立冗余较小、结构合理的数据库，设计数据库时必须遵循一定的规则。在关系型数据库中，这种规则就称为范式。范式是英国人 E.F.Codd 在 20 世纪 70 年代提出关系数据库模型后总结出来的，范式是关系数据库理论的基础，也是设计数据库结构过程中所要遵循的规则和指导方法。目前关系数据库有 6 种范式，即第一范式（1NF）、第二范式（2NF）、第三范式（3NF）、巴斯-科德范式（BCNF）、第四范式（4NF）和第五范式（5NF，又称完美范式）。一般来说，数据库只需满足第三范式（3NF）即可。下面介绍前三大范式。

1）第一范式（1NF）

每个属性都是不可再分的。

每个规范化的关系都属于第一范式。

2）第二范式（2NF）

在满足第一范式的基础上，须另外满足两个要求，一是关系模式中必须有一个主键；二是非主键列必须完全依赖于主键，而不能只依赖于主键的一部分（主要针对联合主键而言）。

例如存在一个关系模式：选课表（学号，课程号，课程名称，成绩）。其中，成绩完全依赖于主键（学号，课程号），而课程名称只依赖于课程号，也就是说只依赖于主键的一部分，所以选课表不满足 2NF。不符合 2NF 的易产生冗余数据。可以将选课表分解为选课表（学号，课程号，成绩）和课程表（课程号，课程名称）。

3）第三范式（3NF）

在满足第二范式的基础上，还要求非主键列必须直接依赖于主键，不能存在传递依赖。即不能存在非主键列 A 依赖于非主键列 B、非主键列 B 依赖于主键的情况。

例如存在一个关系模式：学生（学号，姓名，性别，班级编号，班级名称）。其中，班级名称依赖于班级编号，而班级编号依赖于学号，所以这个关系不满足第三范式。可以将关系拆分，以满足第三范式。

1.4.5 物理结构设计

物理结构设计就是为一个给定的逻辑模型选取一个最适合应用环境的物理结构，主要包括数据的存储结构和存取方法，也就是将逻辑模型转换为物理模型。物理结构设计依赖于给定的 DBMS 和硬件系统，因此设计人员必须充分了解所用 DBMS 的内部特征、存储结构、存取方法；充分了解应用环境，尤其是应用的处理频率、响应时间等要求；还需要充分了解外存设备的特性。

数据库的物理结构设计通常分为两步。

1. 确定数据库的物理结构

确定数据库的物理结构包含以下 4 个方面。

（1）确定数据的存储结构。就是确定要选择什么样的 DBMS，要综合考虑存取时间、维护代价和存储空间等多方面的因素。

（2）设计数据的存取路径。主要是指根据应用要求，确定在哪些列上建立索引。

（3）确定数据的存放位置。根据应用需求和数据特性，确定数据文件和日志文件的存放位置。

（4）确定系统配置。系统配置包括同时使用数据库的用户数、同时打开的数据库对象数、使用的缓冲区长度及个数等选项和参数的设置。这些参数值影响存取时间和存储空间的分配，在物理结构设计时要根据应用环境确定这些参数值，以使系统性能最优。

2. 评价物理结构的合理性

对设计好的物理结构，须从时间效率、空间效率、维护代价和能否满足各种用户的要求等方面进行全面的评估，选择一个优化方案作为数据库的物理结构。

3. 任务实施

SQL Server 具有使用方便、可伸缩性好及与相关软件集成程度高等优

点，因此有着广泛的应用。对于学生成绩管理系统，选择 SQL Server 2012
作为数据库管理系统。

考虑到学校学生规模以及数据量逐年递增，数据量较大，所以使用两
个数据文件和一个日志文件。为了有效提高 I/O 性能，可以将数据文件和日
志文件存储在不同的硬盘上，也有利于数据库的灾难恢复。

学生基本信息和成绩信息是访问频率最大的数据，为了加快响应时间，
在学生基本信息表和成绩表上，建立合理的索引。

对系统进行合理配置。由于系统面向全体教师和全体学生，访问人数
较多，不限制同时使用数据库的用户数。

任务 1.5 实训

1.5.1 训练目的

（1）能够根据需求分析，抽取出实体和实体之间的联系。
（2）会画 E-R 图。
（3）能够将 E-R 图转换为关系模型。

1.5.2 训练内容

（1）在校园图书管理系统中，主要实现读者管理、图书管理和借阅归
还登记功能。涉及的数据如下。

① 读者的借书证号、姓名、性别、所属部门和读者类型，每个读者的
借书证号唯一。

② 图书的图书编号、图书名称、发行书号、作者、出版社、价格、类
别、内容简介和图书状态，其中图书编号唯一。

每个读者可以借多本图书，一本图书也可以由读者多次借阅，借阅时
需登记借阅时间，归还时记录归还时间，判断是否逾期，若逾期，需交罚
款金额。

请完成如下设计。
① 画出该数据库的 E-R 模型图。
② 将上述 E-R 模型图转换成关系模式。

（2）模拟 QQ，开发一个简易的聊天软件，主要功能包括用户注册、
好友管理和聊天。其中，用户信息包括账号（唯一）、密码、昵称、头像、
性别和出生日期，一个用户可以拥有多个好友。聊天记录包括聊天内容和
发出时间。

请完成如下设计。
① 画出该数据库的 E-R 模型图。
② 将上述 E-R 模型图转换成关系模式。

1.5.3 参考代码

1. 设计校园图书管理系统数据库

1）E-R 图

E-R 图如图 1-18 所示。

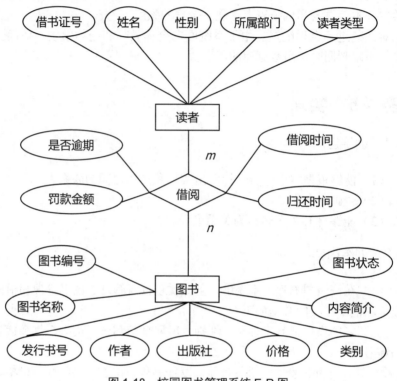

图 1-18 校园图书管理系统 E-R 图

2）E-R 图转换为关系模式

读者（<u>借书证号</u>，姓名，性别，所属部门，读者类型）。

图书（<u>图书编号</u>，图书名称，发行书号，作者，出版社，价格，类别，内容简介，图书状态）。

借阅记录（<u>借阅记录编号</u>，借书证号，图书编号，借阅时间，归还时间，是否逾期，罚款金额）。

说明：借阅记录编号是人为增加的。

2. 设计聊天系统数据库

1）E-R 图

聊天系统 E-R 图如图 1-19 所示。

2）E-R 图转换为关系模式

用户（<u>账号</u>，密码，昵称，头像，性别，出生日期）。

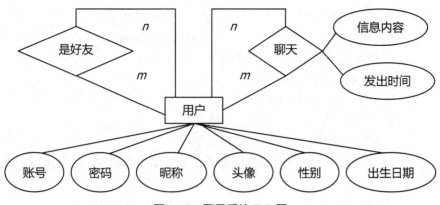

图 1-19 聊天系统 E-R 图

好友（<u>用户账号，好友账号</u>）。

聊天信息（<u>信息编号</u>，发送者账号，接收者账号，信息内容，发出时间）。

说明：信息编号为人为增加的。

课后习题

一、选择题

1．DBMS 是指（　　）。

    A．数据库　　　　　　　　　B．数据库系统

    C．数据库管理系统　　　　　D．数据库管理员

2．SQL Server 2012 是一个（　　）的数据库系统。

    A．网状型　　　　　　　　　B．层次型

    C．关系型　　　　　　　　　D．以上都不是

3．数据库 DB、数据库系统 DBS 和数据库管理系统 DBMS 之间的关系是（　　）。

    A．DBS 包括 DB 和 DBMS　　　B．DBMS 包括 DB 和 DBS

    C．DB 包括 DBS 和 DBMS　　　D．DBS 就是 DB，也就是 DBMS

4．数据库系统的主要特征是（　　）。

    A．数据的冗余度小　　　　　B．数据的结构化

    C．数据独立性高　　　　　　D．数据可以共享

5．（　　）是数据库系统的核心，它负责数据库的配置、存取、管理和维护等工作。

    A．操作系统　　　　　　　　B．关系模型

    C．数据库管理系统　　　　　D．数据库

6．为防止多用户同时对数据库中的同一数据进行存取操作，DBMS 必须提供（　　）。

A．安全性保护　　　　　　　　B．完整性保护

C．故障恢复　　　　　　　　　D．并发控制

7. 下列 4 项说法中，不正确的是（　　　）。

A．数据库减少了数据冗余

B．数据库中的数据可以共享

C．数据库避免了一切数据的重复

D．数据库具有较高的数据独立性

8. 储蓄所有多个储户，储户能够在多个储蓄所存取款，储蓄所与储户之间是（　　　）。

A．一对一的联系　　　　　　　B．一对多的联系

C．多对一的联系　　　　　　　D．多对多的联系

9. 下列 4 项中，不属于数据库系统特点的是（　　　）。

A．数据共享　　　　　　　　　B．提高数据完整性

C．数据冗余度高　　　　　　　D．提高数据独立性

10. 将 E-R 模型转换成关系模型的过程，属于数据库设计的（　　　）阶段。

A．需求分析　　　　　　　　　B．概念设计

C．逻辑设计　　　　　　　　　D．物理设计

二、填空题

1. 数据管理技术的发展经历了＿＿＿＿＿＿、＿＿＿＿＿＿和＿＿＿＿＿＿3 个阶段。

2. RDBMS 是指＿＿＿＿＿＿＿＿＿＿。

3. 根据应用目的的不同，将数据模型划分为 3 类，分别是＿＿＿＿＿＿、＿＿＿＿＿＿和＿＿＿＿＿＿。

4. 层次模型使用＿＿＿＿＿＿表示数据之间的关系，网状模型使用＿＿＿＿＿＿表示数据之间的关系，关系模型使用＿＿＿＿＿＿表示数据之间的关系。

5. 在关系型数据库中，一张二维表格称为一个＿＿＿＿＿＿＿＿＿＿。

三、简答题

1. 试述数据、数据库、数据库系统、数据库管理系统的概念。

2. 试述数据库系统的特点。

3. 数据库管理系统的主要功能有哪些？

第 2 章

安装和使用 SQL Server

知识目标

❑ 掌握 SQL Server 的安装步骤。
❑ 熟悉 SQL Server 数据库管理系统。

能力目标

❑ 会安装 SQL Server 2012。
❑ 熟悉 SQL Server 2012 数据库管理系统的功能和组成。

任务 2.1 安装 SQL Server

2.1.1 任务描述

在数据库信息系统建设和开发阶段，首先要搭建系统应用开发平台，包括安装数据库管理系统、进行相关服务的配置与管理等。根据系统要求，数据库管理员小崔在创建学生成绩管理系统数据库之前，第一个任务就是安装数据库系统管理软件 SQL Server 2012。

2.1.2 任务实施

1. SQL Sever 2012 安装的基本要求

SQL Server 2012 对安装环境的基本要求如表 2-1 所示。

表 2-1 安装 SQL Server 2012 的基本要求

硬件及软件	安装基本要求
CPU	SQL Server 2012 支持 32 位操作系统，至少 1GHz 或同等性能的兼容处理器，建议使用 2GHz 及以上处理器的计算机；支持 64 位操作系统，1.4GHz 或速度更快的处理器
内存	必备内存 1GB。不包括操作系统所需内存，Microsoft 推荐至少使用 1GB 内存。SQL Server 2012 Express 建议内存 1GB。所有其他版本：至少 4GB 并且应该随着数据库大小的增加而增加，以便确保最佳的性能
磁盘空间	安装 SQL Server 2012 基本组件要求至少 2.2GB，磁盘最小 6GB，磁盘容量越大，数据存储和数据库扩展越容易
显示频率	SQL Server 可视化管理工具要求屏幕分辨率为 1024×768 或以上
操作系统	Windows 7、Windows Server 2008 R2、Windows Server 2008 Service Pack 2 和 Windows Vista Service Pack 2

▶ **注意**：SQL Server 2012 的 32 位版本必须安装在 32 位的 Windows 上，SQL Server 2012 的 64 位版本必须安装在 64 位的 Windows 上。

2. 安装 SQL Server 2012

下面以 Windows 7 为例，讨论 SQL Server 2012 Express 的安装过程。Express 版本是功能强大且可靠的免费数据管理系统，可以从微软官方网站下载，如图 2-1 所示。单击"下载"按钮，出现如图 2-2 所示的窗口，根据操作系统，选择相应的程序（图中选择的是适用于 64 位操作系统）。

图 2-1 SQL Server 微软官方下载网站

图 2-2 选择要下载的安装程序

下载完成后，确保没有其他应用程序在前台运行，即可按如下步骤进行安装。

（1）首先安装 SQL Management Studio，它是用来管理 SQL Server 的图形化界面的。启动安装程序后，选择"全新 SQL Server 独立安装或向现有安装添加功能"超链接，如图 2-3 所示。

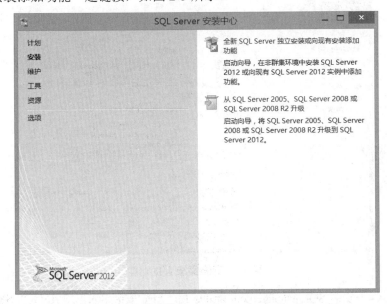

图 2-3 开始安装 SQL Management Studio

（2）弹出"许可条款"界面，选中"我接受许可条款"复选框，接着单击"下一步"按钮，如图 2-4 所示。

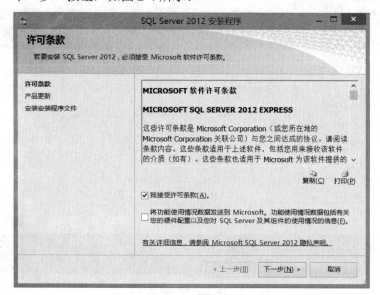

图 2-4   许可条款

（3）在"功能选择"界面选择要添加的功能，如图 2-5 所示。建议全部选中，接着连续单击"下一步"按钮，开始安装，直到安装结束，如图 2-6 所示。

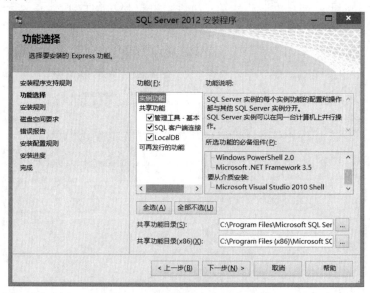

图 2-5   选择要安装的功能

（4）安装 SQL Management Studio 后，开始安装 SQLEXPR（SQL Server Express），启动安装程序之后，选择"全新 SQL Server 独立安装或向现有安装添加功能"超链接，如图 2-7 所示。

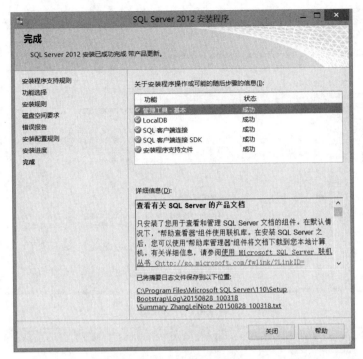

图 2-6　安装完成

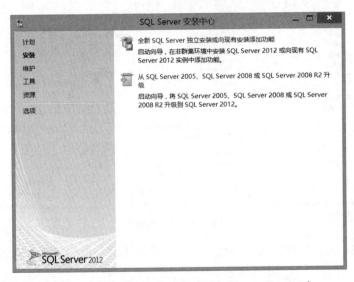

图 2-7　开始安装 SQLEXPR（SQL Server Express）

（5）在弹出的界面中选择是否安装更新，可以取消选中"包括 SQL Server 产品更新"复选框，然后单击"下一步"按钮。

（6）选中"我接受许可条款"复选框，然后单击"下一步"按钮，如图 2-8 所示。

（7）在"功能选择"界面中选择"实例功能"下的所有选项，然后单击"下一步"按钮，如图 2-9 所示。

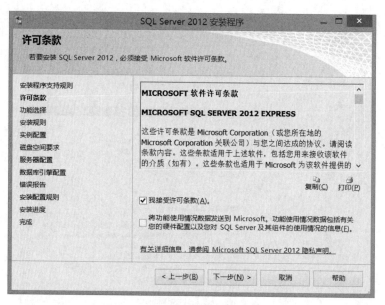

图 2-8   许可条款

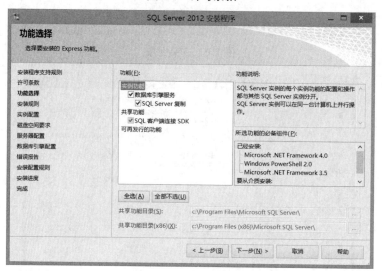

图 2-9   功能选择

（8）在"实例配置"界面中选中"默认实例"单选按钮，安装路径保持默认，单击"下一步"按钮。

（9）在"服务器配置"界面中，保持默认配置，直接单击"下一步"按钮，如图 2-10 所示。

（10）在"数据库引擎配置"界面中选中"混合模式（SQL Server 身份验证和 Windows 身份验证）"单选按钮，然后为管理员账户 sa 配置密码（此密码很重要，需要记住）。接着单击"添加当前用户"按钮，把当前用户添加到 SQL Server 管理员中，如图 2-11 所示。最后一直单击"下一步"按钮，开始安装，几分钟后即可安装成功。

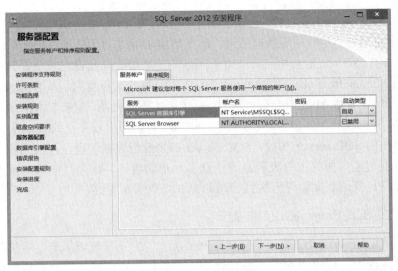

图 2-10　服务器配置

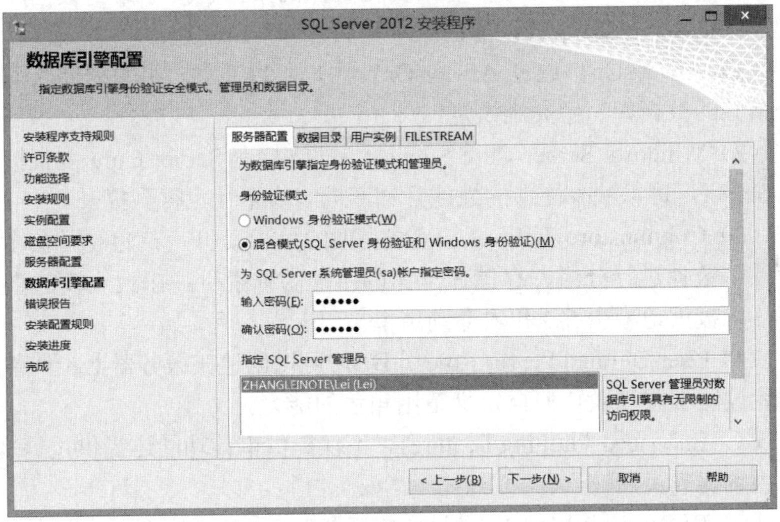

图 2-11　数据库引擎配置

2.1.3　相关知识

1. SQL Server 概述

　　1974 年，IBM 公司的圣约瑟研究实验室为其关系数据库管理系统 SYSTEM R 开发了一种查询语言，当时称为 SEQUEL 语言，后简称为 SQL （Structured Query Language，结构化查询语言），它是用于访问和处理数据库的标准计算机语言。SQL 语言结构简洁，功能强大，简单易学，所以自推出以来，SQL 语言得到了广泛的应用。1986 年，美国国家标准局（ANSI）制定了以 SQL 作为关系数据库语言的美国标准。1987 年，国际标准化组织 （ISO）又将该标准制定为国际通用标准。如今，无论是 Oracle、Sybase、

DB2、SQL Server 这些大型的数据库管理系统，还是像 Access、MySQL 这些 PC 上常用的小型数据库管理系统，都支持 SQL 语言作为数据库标准语言。

SQL Server 是一种广泛应用于网络的关系型数据库管理系统，其最初是由 Microsoft、Sybase 和 Ashton-Tate 3 家公司共同开发的，从 SQL Server 6.0 开始完全由 Microsoft 公司研发，后来版本不断更新，主要有 SQL Server 2000、SQL Server 2005、SQL Server 2008 等，目前应用较广泛的版本是 2012 年推出的 SQL Server 2012。SQL Server 在企业级数据管理、开发工作效率和商业智能方面的出色表现赢得了众多用户的青睐，成为目前唯一能够真正胜任从低端到高端任何数据应用的企业级数据库平台。

2. SQL Sever 2012 功能简介

SQL Server 2012 是一个重要的产品版本，它不仅延续了现有数据平台的强大能力，还可以对数据进行查询、搜索、同步、报告和分析等操作，并可以将结构化、半结构化和非结构化文档的数据直接存储到数据库中。同时，SQL Server 2012 较以前的版本增加了许多新功能。

（1）AlwaysOn。通过 AlwaysOn，用户可以针对一组数据库（而不是一个单独的数据库）做灾难恢复。

（2）Windows Server Core Support。即支持在 Server Core 上直接安装 SQL Server，可以减少硬件的性能开销，同时安全性也得到提升。

（3）Columnstore Indexes。特殊类型的只读索引，专为数据仓库查询而设计。数据进行分组并存储在平面的压缩的列索引。在大规模的查询情况下，可极大地减少 I/O 和内存利用率。

（4）User-Defined Server Roles。DBA 可以创建在服务器上，具备所有数据库读写权限以及任何自定义范围角色的能力。

（5）Enhanced Auditing Features。不仅提供审计功能还提供过滤功能，同时大幅提高灵活性。

（6）BI Semantic Model。允许数据模型支持所有 SQL Server BI 的实践，此外还可允许一些整洁的文本信息图图表。

（7）Distributed Replay。这个功能可以让你记录生产环境的工作状况，然后在另外一个环境重现这些工作状况。

（8）Big Data Support。将能够在 Hadoop、SQL Server 和并行数据仓换环境下，相互交换数据。

（9）Sequence Objects。基于触发器表使用增量值。

（10）Enhanced PowerShell Support。支持 PowerShell 脚本。

（11）PowerView。是相当强大的自服务 BI 工具包，允许用户创建企业级的 BI 报告。

（12）Distributed Replay。可让管理员记录服务器上的工作负载，并在其他服务器上重现。

3．SQL Server 2012 产品版本

SQL Server 2012 分为企业版、标准版、商业智能版、开发版、Web 版和 Express 版。

（1）SQL Server 2012 企业版。SQL Server 2012 企业版提供了全面的高端数据中心功能，性能极其快捷，其虚拟化不受限制，还具有端到端的商业智能，可为关键任务工作提供较高级别服务，支持最终用户访问深层数据，可以提供更加坚固的服务器和执行大规模在线事务处理。

（2）SQL Server 2012 标准版。SQL Server 2012 标准版提供了基本数据管理和商业智能数据库，使部门和小型组织能够顺利运行其应用程序，支持将常用开发工具用于内部部署和云部署。

（3）SQL Server 2012 商业智能版。SQL Server 2012 商业智能版提供了综合性平台，可支持组织构建和部署安全、可扩展、易于管理的 BI 解决方案，它提供基于浏览器的数据浏览与可见性等卓越功能、数据集功能以及增强的集成管理功能。

（4）SQL Server 2012 开发版。供程序员用于开发将 SQL Server 2012 用作数据存储的应用程序。虽然开发版拥有企业版的绝大多数功能特性，使开发人员能够编写、测试和使用这些功能的应用程序，但是只能将开发版用于开发和测试系统，不能作为生产服务器使用。

（5）SQL Server 2012 Web 版。SQL Server 2012 Web 版是针对运行于 Windows 服务器中要求高可用、面向 Internet Web 服务的环境而设计的。这一版本为实现低成本、大规模、高可用性的 Web 应用或客户托管解决方案，提供了必要的支持工具。

（6）SQL Server 2012 Express 版。SQL Server 2012 Express 版是 SQL Server 的一个免费版本，拥有核心的数据库功能，主要是为学习、创建桌面应用和小型服务器应用而开发的。

任务 2.2 启动 SQL Server

2.2.1 任务描述

在成功安装 SQL Server 2012 后，如何才能登录 SQL Server 管理数据库呢？接下来要启动 SQL Server 服务，连接到 SQL Server 服务器，熟悉 SQL Server 2012 界面的构成，使用完毕后断开连接，以释放它所占用的系统资源。

2.2.2 任务实施

1．启动、停止、暂停和重启 SQL Server 服务

连接到服务器之前，需要先检查 SQL Server 服务是否启动，如果没有

启动，就无法实现登录。启动方式有两种。

1）通过操作系统的服务管理

右击"计算机"，在弹出的快捷菜单中选择"管理"命令，打开"计算机管理"窗口，从左边选择"服务"，从右边选择 SQL Server（SQLEXPRESS），单击工具栏中的相应按钮，启动、停止、暂停或重启服务，或者从右击弹出的快捷菜单中选择相应的菜单项，如图 2-12 所示。

图 2-12　使用管理工具启动 SQL Server 服务

2）使用 SQL Server 2012 管理工具"SQL Server 配置管理器"

从"开始"菜单依次选择"所有程序"→Microsoft SQL Server 2012→"配置工具"→"SQL Server 配置管理器"，打开如图 2-13 所示的窗口。从左边列表中选择"SQL Server 服务"，从右边窗格中选择 SQL Server（SQLEXPRESS），然后单击工具栏中的相应按钮，或者从右击弹出的快捷菜单中选择相应项，即可启动、停止、暂停或重启 SQL Server 服务。

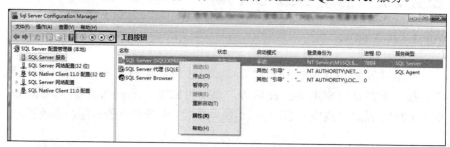

图 2-13　使用 SQL Server 配置管理器启动 SQL Server 服务

2. 连接到 SQL Server 服务器

SQL Server 服务启动后，就可以进行连接数据库服务器的操作了。

（1）选择"开始"→"所有程序"→Microsoft SQL Server 2012→SQL Server Management Studio 命令，弹出"连接到服务器"对话框，如图 2-14 所示。

图 2-14　连接到 SQL Server 服务器

（2）选择要连接的服务器名称，默认是本机。如果想连接到其他服务器，可以在"服务器名称"下拉列表框中选择"浏览更多"选项，以选择其他服务器，如图 2-15 所示。

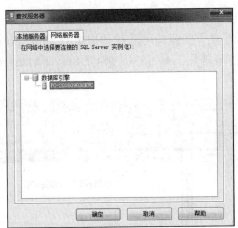

图 2-15　选择数据库服务器

⊙ 提示：数据库引擎

数据库引擎是 SQL Server 系统的核心服务，它是存储和处理关系格式的数据或 XML 文档数据的服务，负责完成数据的存储、处理和安全管理。例如，创建和管理数据库及表、查询数据、创建视图、管理用户与权限等操作都是由数据库引擎完成的。

（3）选择身份验证方式，SQL Server 支持两种身份验证方式。

① Windows 身份验证：以当前的 Windows 登录账户连接 SQL Server 服务器。

② SQL Server 身份验证：以 SQL Server 内部合法用户身份连接 SQL Server 服务器。

可以从"身份验证"下拉列表框中选择身份验证方式，如果选择的是"SQL Server 身份验证"，需要输入相应的登录名和密码，如图 2-16 所示。

图 2-16　SQL Server 身份验证连接到服务器

◎ 提示：sa 用户

sa 是 SQL Server 的内置系统用户，默认授予 sysadmin 服务器角色，具有最高权限，在系统安装时可以设置其密码。

（4）单击"连接"按钮，可连接到指定的 SQL Server 服务器，启动 SQL Server 2012 的可视化工具 SSMS（SQL Server Management Studio），如图 2-17 所示。

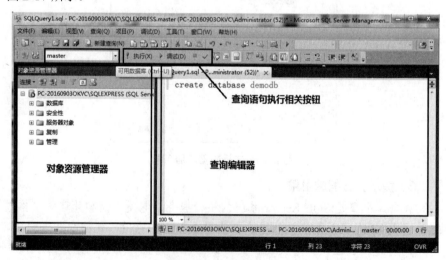

图 2-17　SSMS 窗口

3. SQL Server 2012 的组件窗格

1）对象资源管理器

启动 SSMS 时，默认打开"对象资源管理器"窗口。通过选择"视图"→

"对象资源管理器"命令，或按 F8 键，也可打开该窗口，如图 2-18 所示。窗口中显示数据库引擎连接的对象、安全条目等。SSMS 利用节点进行布局，单击节点前面的⊞图标，可以展开各个节点。利用该窗口可以新建、管理各类对象和安全条目，如新建、删除、修改数据库及其对象。

图 2-18　对象资源管理器

　　"对象资源管理器"窗口上方的工具栏上有几个连接设置按钮，可以实现"对象资源管理器"与数据库引擎、Analysis Services 等的连接或断开。

　　2）查询编辑器

　　查询编辑器组件主要用于编写 T-SQL 语句。在 SSMS 的标准工具栏上单击"新建查询"按钮，或者执行"文件"→"打开"→"文件"命令，选择一个已存在的查询文件，或执行"文件"→"新建"→"数据库引擎查询"命令，都可以打开查询编辑器。

　　3）工具栏

　　使用工具栏可以快速访问常用的命令。执行"视图"→"工具栏"命令，可以打开各类工具栏，如"标准"工具栏、"SQL 编辑器"工具栏、"表设计器"工具栏等。

4. 注册服务器组与服务器

　　在 SSMS 窗口可以打开"已注册的服务器"窗格，方法是依次选择"视图"→"已注册的服务器"命令，打开"已注册的服务器"窗格。该窗口中显示了所有已注册到当前数据库引擎的 SQL Server 服务器以及注册到其他服务（如 Reporting Services）的服务器。

　　如果需要注册另一个服务器，选择"已注册的服务器"的"本地服务器"节点，单击鼠标右键，从弹出的快捷菜单中选择"新建服务器注册"命令，如图 2-19 所示。

　　打开"新建服务器注册"对话框，如图 2-20 所示。在"服务器名称"文本框中输入新服务器名称（如 sqlserver2），选择"Windows 身份验证"模式。选择"连接属性"选项卡，设置连接属性值。单击"测试"按钮，可以进行连接测试。测试通过后，单击"保存"按钮，将该服务器保存至"已注册的服务器"窗口中。

5. 退出 SQL Server 2012

　　使用 Windows 环境中退出应用程序的一般方法，即可退出 SQL Server 2012。常用的方法如下。

　　（1）选择"文件"→"退出"命令，退出 SQL Server 2012。

　　（2）单击 SQL Server 2012 程序主窗口中的"关闭"按钮，可以关闭主窗口，同时退出 SQL Server 2012。

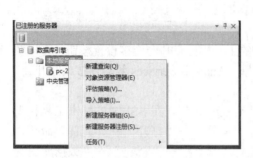

图 2-19　选择服务器注册　　　　图 2-20　"新建服务器注册"对话框

（3）先单击主窗口左上角的控制图标，打开对应的菜单，再选择该菜单中的"关闭"命令，可以退出 SQL Server 2012。

（4）双击主窗口的控制图标，可以退出 SQL Server 2012。

（5）按 Alt+F4 快捷键，可以退出 SQL Server 2012。

退出 SQL Server 2012 时，如果还有没有保存的数据，那么系统将弹出一个对话框，询问是否保存对应的数据，可以根据需要进行选择。

任务 2.3　使用 SQL Server 工具

2.3.1　任务描述

SQL Server 2012 提供了大量的管理工具，通过这些管理工具可以对系统实现快速、高效的管理，这些管理工具包括 SQL Server Management Studio、SQL Server 配置管理器、SQL Server Profiler、数据库引擎优化顾问等，掌握这些工具的使用是管理数据库的前提。

2.3.2　SQL Server Management Studio

SQL Server Management Studio 简称为 SSMS，它是一个集成环境，用于访问、配置、管理和开发 SQL Server 的所有组件，如图 2-17 所示。SSMS 可以管理多种 SQL Server 服务，包括数据库引擎、集成服务（SSIS）、报表服务（SSRS）以及分析服务（SSAS）等，同时还可以管理在多个服务器上的 SQL Server 数据库。SSMS 自带一些向导，能够通过操作完成相应的管理任务，如 DDL 和 DML 操作、安全服务器配置管理、备份和维护等。SSMS

还提供用于编写脚本的代码编辑器，它用于查找、修改、编写、运行脚本等。SSMS 还有一个 Template Explorer，它提供了一个丰富的模板集，用于查找模板以及为模板编写脚本。SSMS 还包括 T-SQL 的调试器、IntelliSense 智能提示和集成的源码控制，并提供了 SQL Server Surface Area Configuration 和 Activity Monitor 的访问功能。

2.3.3　SQL Server 配置管理器

SQL Server 配置管理器是一种工具，用于管理与 SQL Server 相关联的服务、配置 SQL Server 使用的网络协议以及从 SQL Server 客户端计算机管理网络连接配置。

依次执行 Windows 的"开始"→"所有程序"→Microsoft SQL Server 2012→"配置工具"→"SQL Server 配置管理器"命令，打开如图 2-13 所示的配置管理器窗口。它可以启动、停止和暂停服务、配置服务启动方式、禁用服务、更改 SQL Server 服务所使用的账户和密码、查看服务的属性。使用 SQL Server 配置管理器还可以管理服务器和客户端网络协议，其中包括强制协议加密、查看别名属性及启用/禁用协议等功能。使用 SQL Server 配置管理器可以创建或删除别名、更改使用协议的顺序和查看服务器别名的属性。

1．配置服务启动模式和登录账户

在如图 2-13 所示的配置管理器窗口中，右击左边窗格的 SQL Server 服务，从弹出的快捷菜单中选择"属性"命令，在打开的"SQL Server（SQLEXPRESS）属性"对话框中选择"服务"选项卡，在"启动模式"下拉列表框中可以选择相应的启动模式，如图 2-21 所示。

在"SQL Server（SQLEXPRESS）属性"对话框中选择"登录"选项卡，如图 2-22 所示，可以选择登录身份为"内置账户"或者"本账户"。

图 2-21　配置启动模式

图 2-22　设置登录身份

2. 配置服务器端网络协议

在 SQL Server 配置管理器窗口的左侧窗格选择 SQL Server 网络配置，如图 2-23 所示，在右侧窗格右击要配置的网络协议，从弹出的快捷菜单中可以选择启用或禁用相关协议，也可以设置协议属性。

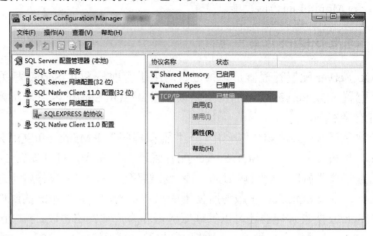

图 2-23　配置服务器端网络协议

3. 配置客户端网络协议

在 SQL Server 配置管理器窗口的左侧窗格选择"SQL Native Client 11.0 配置"→"客户端协议"，如图 2-24 所示，在右侧窗格右击要配置的网络协议，从弹出的快捷菜单中可以选择启用或禁用相关协议、调整协议顺序（顺序为 1 的协议是默认协议），也可以设置协议属性。

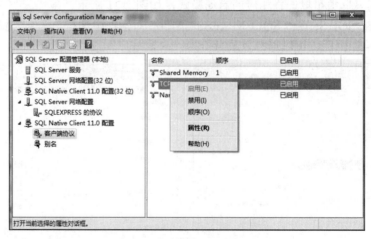

图 2-24　配置客户端网络协议

2.3.4　数据库引擎优化顾问

数据库引擎优化顾问用于分析一个或多个数据库的工作负荷和物理实

现。根据工作负荷进行分析，并提供添加、删除、修改数据库中的物理设
计结构的建议，物理设计结构包括聚集索引、非聚集索引、索引视图和分
区。通过给出的物理结构查询处理，使得能够用最短的时间执行工作负荷
任务，帮助用户优化数据库结构，如图 2-25 所示。

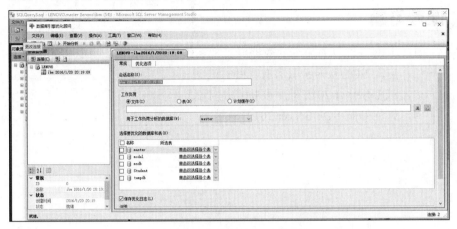

图 2-25　数据库引擎优化顾问

任务 2.4　实训

2.4.1　训练目的

（1）会安装 SQL Server 2012。
（2）熟悉 SQL Server 数据库管理系统的环境。
（3）熟悉 SQL Server 2012 数据库管理系统的功能和组成。

2.4.2　训练内容

（1）在个人电脑上安装 SQL Server 2012 Express，操作步骤如下。
①　了解 SQL Server 2012 Express 对系统环境的要求，包括软件和硬件
两方面，如你的计算机的操作系统是 Windows 7 还是 Windows 10？是 32
位系统还是 64 位系统？内存大小？硬盘空间大小？
②　从微软官方网站下载 SQL Server 2012 Express 版本对应的安装包。
③　安装。步骤参见本书中 SQL Server 2012 Express 的安装过程。

◉ **提示：** 注意安装过程中每一步的提示信息，尤其是身份验证模式的
选择，如果选择混合验证模式，一定要记住设置的登录密码。

（2）成功安装 SQL Server 2012 Express 后，接下来就要启动 SQL Server
服务。操作步骤参见本书中启动 SQL Server 服务的过程。
（3）连接到 SQL Server 服务器。SQL Server 服务启动后，就可以进行

数据库服务器连接，操作步骤参见本书中的连接 SQL Server 服务器。

（4）熟悉 SQL Server 2012 环境组成。其中，注意菜单、工具栏、对象资源浏览器、查询编辑器等各部分的功能及使用方法。

▲ 课后习题

1. 上网查询目前流行的数据库管理系统有哪些？各有什么特点？
2. 启动 SQL Server 服务有哪些方法？
3. SQL Server 2012 的主要特点是什么？
4. 如何卸载 SQL Server 2012？

第 3 章

创建和管理数据库

知识目标

❑ 掌握 SQL Server 数据库类型及系统数据库作用。
❑ 掌握数据库的物理结构和逻辑结构。
❑ 了解事务日志的作用。
❑ 掌握文件组的作用。

能力目标

❑ 会使用 SSMS 和 SQL 语句两种方式创建数据库。
❑ 会使用 SSMS 和 SQL 语句两种方式修改、删除和重命名数据库。
❑ 能够分离与附加数据库。

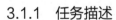 **任务 3.1 使用 SSMS 创建学生成绩管理数据库**

视频讲解

3.1.1 任务描述

SQL Server 2012 安装完成后,接下来就需要根据要求创建和管理学生成绩管理数据库了。对该数据库的要求如下。

数据库名称是 StuScore,其中主数据文件 StuScore_data 的初始大小为 10MB,按照 5%自动增长,文件最大容量为 200MB,日志文件 StuScore_log 的初始大小为 3MB,自动增长方式为每次增长 1MB,文件最大容量为 60MB。数据文件存储在 E:\STUSCOREDATA 目录文件夹下,日志文件存储在 F:\STUSCORELOG 目录文件夹下。

3.1.2 SQL Server 数据库相关知识

1．SQL Server 数据库类型

SQL Server 中的数据库包括两类：一类是系统数据库；一类是用户自定义数据库。在成功安装完 SQL Server 后，在数据库服务器上会自动安装系统数据库，与 SQL Server 数据库管理系统共同完成管理工作。用户自定义数据库是在安装完 SQL Server 后由用户创建的，专门用于存储和管理用户的特定信息。

在 SQL Server 2012 中，有 4 个系统数据库，即 master、model、msdb 和 tempdb 数据库。各系统数据库的功能如表 3-1 所示。

表 3-1 SQL Server 系统数据库

数据库名称	说　　明
master	记录 SQL Server 的所有系统级信息。这包括实例范围的元数据（例如登录账户）、端点、链接服务器和系统配置设置，还记录了所有其他数据库的名称、数据库文件的位置、大小以及 SQL Server 的初始化信息。因此，如果 master 数据库不可用，则 SQL Server 无法启动
model	model 数据库为模板数据库，是创建所有用户数据库和 tempdb 数据库的模板。创建数据库时，SQL Server 将通过复制 model 数据库中的内容来创建数据库的初始部分，然后用空页填充新数据库的剩余部分。如果修改 model 数据库（如大小、排序规则、恢复模式和其他选项），之后创建的所有数据库都将继承这些修改
msdb	这是 SQL Server 代理服务使用的数据库，为警报、作业、任务调度和记录操作员的操作信息提供存储空间。更新数据库时要备份 msdb 数据库
tempdb	tempdb 为临时数据库，是一个全局资源，可供连接到 SQL Server 实例的所有用户使用，可用于保存临时对象（全局或局部临时表、临时存储过程、表变量或游标）或中间结果集。每次启动 SQL Server 时都会重新创建 tempdb，断开连接时会自动删除临时表和存储过程等。不允许对 tempdb 进行备份和还原操作

2．数据库的存储结构

数据库的物理存储结构用来描述数据库是如何在磁盘上存储的。从物理存储结构的角度看，数据库实际上是一个文件的集合，在磁盘上以文件为单位存储。

通常 SQL Server 数据库包含以下 3 类物理文件。

（1）主要数据文件（也称主数据文件）。主要数据文件在创建数据库时生成，用来存储数据库的启动信息、部分或全部数据及数据库对象，它是所有数据库文件的起点，包含指向其他数据库文件的指针。每个数据库

只能有一个主要数据文件。主要数据文件的扩展名为.mdf。

（2）次要数据文件。次要数据文件辅助主要数据文件存储数据及数据库对象，可以在创建数据库时创建，也可以在创建数据库后添加。当数据库存储的数据量巨大，超过了单个 Windows 文件的最大值或需要将重要数据与次要数据分开存储以提高数据访问速度和安全性时，用户可自行创建一个或多个次要数据文件。一个数据库可以没有次要数据文件，也可以同时拥有多个次要数据文件。次要数据文件的扩展名为.ndf。

（3）日志文件。日志文件在创建数据库时生成，用于记录系统操作事件的记录文件或文件集合，这些记录可以作为恢复数据库的依据。当数据库损坏时，可以使用事务日志恢复数据库。每个数据库至少拥有一个日志文件，而且允许拥有多个日志文件。日志文件的扩展名为.ldf。

⊙ 提示：事务与事务日志

事务（Transaction）是需要一次完成的操作集合。事务作为 SQL Server 的单个逻辑工作单元，可以包括一个或多个操作，但是它们在逻辑上是一个整体，要么全部执行，要么全部不执行。例如在数据库中创建一张数据表、对表中的数据进行更新等。

事务日志用来记录所有事务和每个事务对数据库所做的更新操作，它按时间顺序存储对数据库进行的所有更改，并全部记录插入、更新、删除、提交、回退和数据库模式变化，以日志文件形式存储在磁盘中，好似数据库的"黑匣子"。当数据库发生故障时，可以通过日志进行恢复。

在默认情况下，数据文件和日志文件被放在同一个驱动器的同一路径下。但在实际生产环境中，建议将数据文件和日志文件放在不同的磁盘上，以提高数据库的安全性。

3．数据库的逻辑结构

从逻辑结构角度看，SQL Server 数据库是由表、视图、索引、存储过程等各种数据库对象构成的，它们被数据库管理系统管理，主要对象如下。

1）表（table）

表是用来存放数据的最基本的数据库对象，它是由行和列构成的，一行数据称为一条记录。一个数据库可以包含多张表。

2）视图（view）

视图实质是一张虚拟的表，用来存储在数据库中预先定义好的查询。视图是由查询数据库表产生的，它限制了用户能看到和修改的数据，用来控制用户对数据的访问，并能简化数据的显示。

3）存储过程（Stored Procedure）

存储过程是存储在数据库中的一组相关 SQL 语句，也就是一个程序，经过预编译后，随时可供用户调用执行。使用存储过程主要是为减少网络流量，同时提高执行效率。

4）触发器（trigger）

触发器是一种特殊的存储过程，当对表执行了某种操作后，就会触发相应的触发器。使用触发器通常是为了维护数据的完整性、信息的自动统计等功能。

5）角色和用户

所谓用户就是有权访问数据库的人，每个用户有用户名、密码和权限。角色是指一组权限的集合，有内置系统角色和用户自定义角色。通过用户和角色可以对数据库的安全性进行管理。

4．SQL Server 的命名规则

在 SQL Server 中，服务器、数据库和数据库对象（如表、视图、存储过程、索引等）都有标识符，对象标识符是在创建对象时创建的。

1）标识符格式

标识符的首字母可以是字母、下画线"_"、符号"@"或者"#"。

后续字符可以是字母、数字或者"@""$""#""_"。

⊙ **说明：**某些处于标识符开始位置的符号具有特殊的意义，例如，以"@"开头的标识符表示局部变量或参数，以"#"开头的标识符表示临时表或过程，以"##"开头的标识符表示全局临时对象。

2）对象名命名规则

SQL Server 对象名由 1～128 个字符组成，不区分大小写。在数据库中创建了一个数据库对象后，数据库对象的完整名称应该由服务器名、数据库名、拥有者名和对象名 4 个部分组成，形式如下。

[服务器名.][数据库名.][拥有者.] 对象名

3.1.3　任务实施

通过 SSMS 或 T-SQL 语句均可创建和管理用户数据库，其中 SSMS 方式采用的是图形化界面，简单便捷，是初学者最常用的方式。下面先通过 SSMS 进行学生成绩管理数据库的创建和管理。

1．创建学生成绩管理数据库

（1）启动 SQL Server 2012。依次选择"开始"→"所有程序"→Microsoft SQL Server 2012→SQL Server Management Studio 命令，采用 Windows 身份认证方式连接服务器，打开 SSMS 窗口。

（2）打开"新建数据库"窗口。在"对象资源管理器"中的"数据库"节点上右击，在弹出的快捷菜单中选择"新建数据库"命令，打开"新建数据库"窗口，如图 3-1 所示。

图 3-1 "新建数据库"窗口

（3）输入数据库名称。在"数据库名称"文本框中输入数据库名称 StuScore，随着输入数据库名称，在"数据库文件"列表框的"逻辑名称"栏中将自动产生数据文件和日志文件的逻辑名称 StuScore_data 和 StuScore_log。逻辑名称可以修改。

（4）选择数据库所有者。在"所有者"文本框中输入新数据库的所有者名称，或者单击右侧的▭按钮，在弹出的"选择数据库所有者"对话框中选择数据库所有者。如果保持"默认值"，即当前登录到 SQL Server 的用户账户。如果使用 Windows 身份验证模式登录，则所有者为 Windows 用户账户；如果使用 SQL Server 身份验证模式登录，则所有者是连接时使用的 SQL Server 用户账户，在此选择"默认值"。

（5）设置全文索引。忽略"使用全文索引"复选框。如果想让数据库具有能搜索特定词或短语的列，则选中该复选框。如数据库引擎中有一个列包含来自网页中的一组短语，则可以用全文搜索找到包含正在搜索的这组短语的网页。

（6）设置数据文件属性。"数据库文件"列表框的第一行为主数据文件。单击"逻辑名称"栏，修改或重命名数据文件的逻辑文件名，常规命名规则为"数据库名_data"，如 StuScore_data。单击"初始大小"栏，重新输入或单击▾按钮，修改数据文件的初始容量为 10。数据库的初始容量即数据库创建时分配给该文件的存储空间大小，默认单位为 MB。单击"自动增长"栏的▭按钮，弹出"更改 StuScore_data 的自动增长设置"对话框，设置数据文件的自动增长率和最大容量值，如图 3-2 所示。文件自动增长及增长率是指文件在超过所分配的初始空间时是否自动增长以及每次按多大容量增长，可以按容量的百分比或固定值进行增长（默认单位为 MB）。设置最大容量可以防止数据库自动增长到填满整个磁盘。该文件自动指派给主文件组。

图 3-2 更改 StuScore_data 的自动增长设置

（7）设置数据库文件存储路径。单击"路径"栏的▭按钮，打开"定位文件夹"对话框，选择数据库文件的存储路径，如 E:\STUSCOREDATA。

▶ 注意：只能选择已经在磁盘上存在的目录。数据库文件默认的存储路径是 SQL Server 2012 的安装路径。

（8）设置日志文件属性。同步骤（6）、步骤（7），将日志文件命名为 StuScore_log，初始容量为 3MB，设置文件增长方式为自动增长，增长量为 1MB，限制文件最大容量为 60MB，选择文件存储路径为 F:\STUSCORELOG。

（9）单击"确定"按钮，完成数据库 StuScore 的创建。在"对象资源管理器"窗口的数据库列表中可以看到新创建的数据库 StuScore。

▶ 注意：在"新建数据库"窗口的"数据库文件"列表框中有一个"文件名"栏，该栏不能进行编辑，用来存储数据库的物理文件名，默认文件名为.mdf 或.ndf 或.ldf。单击"确定"按钮，完成数据库创建后自动产生。

在默认情况下，数据和日志文件被放在同一个驱动器的同一路径下。但在实际生产环境中，建议将数据文件和日志文件放在不同的磁盘上。

2. 重命名数据库

选择"对象资源管理器"的"数据库"节点，单击⊞展开"数据库"节点，在下拉列表中右击 StuScore 数据库，在弹出的快捷菜单中选择"重命名"命令，可以对数据库重新命名。

3. 查看数据库属性

选择"对象资源管理器"的"数据库"节点，单击⊞展开"数据库"节点，在下拉列表中右击 StuScore 数据库，在弹出的快捷菜单中选择"属性"命令，可以查看数据库的属性，如图 3-3 所示。

图 3-3　数据库属性

任务 3.2　使用 SSMS 修改数据库

3.2.1　任务描述

如果随着学生成绩管理系统的使用，学生人数不断增加，增加的数据量日益增大，需要在现有的数据库中增加一个数据文件与一个日志文件。数据文件为 StuScore_data2，设置在 StuScoreGroup 文件组中，其初始大小为 20MB，按照 10%自动增长，文件最大容量为 20GB。日志文件为 StuScore_log2，其初始大小为 10MB，按照 1MB 自动增长，不限制最大容量。

3.2.2　相关知识

1. 数据文件组

为便于分配数据和管理文件，可以将数据文件组织到不同的文件组中，SQL Server 通过文件组对数据文件进行管理。我们看到的逻辑数据库由一个或多个文件组构成。一个数据文件只能在一个文件组中，而一个文件组中可以有多个数据文件。表、索引和大型对象（LOB）数据与特定的文件组关联，那么它们的所有页都将从该文件组的文件中分配。

使用文件组可以隔离用户和文件，使得用户针对文件组来建立表和索引（而不是磁盘中的单个数据文件）。当文件移动或修改时，由于用户建立的表和索引是建立在文件组上的，并不依赖具体文件，这大大加强了可管理性。另外，使用文件组的方式来管理文件，可以使得同一文件组内的文件分布在不同的磁盘中，可以通过对所有磁盘的并行访问大大加快数据库的操作速度，提高 IO 性能。

例如，一个数据库包含两个次要数据文件，分别存储在不同的磁盘上。用户可以创建一个文件组 filegroup2，并将这两个次要数据文件指派到该文件组中。当对该文件组包含的数据进行查询时，查询动作会分散到两个磁盘上进行，从而提高了查询性能。

2. 文件组的类型

SQL Server 2012 包含两种类型的文件组，即主文件组和用户定义文件组。

主文件组是创建数据库时自动创建的，名称为 PRIMARY，包含主数据文件和未放入其他文件组的所有次要数据文件。每个数据库只有一个主文件组，也是数据库的默认文件组，系统表均分配在主文件组中。用户自定义文件组是在创建数据库时或创建数据库后由用户添加的，名称由用户自己定义，它可以包含一个或多个次要数据文件。

◉ **提示：** 数据库必须包含一个主要数据文件和一个日志文件，如果需要添加次要数据文件，可以将其添加到主文件组，也可以添加到用户自定义文件组。如果添加到自定义文件组中，可以根据业务需要，通过文件组对文件进行设置，将其存放到不同的磁盘，提高并发性。

文件组是命名的文件集合，只包含数据文件，日志文件不包括在任何文件组内。

3.2.3　任务实施

文件组可以在创建数据库时增加，也可以在修改数据库时增加。

1. 在创建数据库时增加文件组

（1）添加次要数据文件。在"新建数据库"窗口中，将数据库 StuScore 中的主要数据文件 StuScore_data 与日志文件 StuScore_log 创建完成，之后单击"添加"按钮，在"数据库文件"列表框的第三栏添加次要数据文件 StuScore_data2，其初始容量为 20MB，自动增长率为 10%，最大容量为 20GB，存储路径与主数据文件相同。单击"文件组"栏的 按钮，在下拉菜单中选择"新文件组"，打开"StuScore 的新建文件组"对话框，如图 3-4 所示，在"名称"文本框中输入新文件组的名称 StuScoreGroup。将次要数据文件 StuScore_data2.ndf 指派给文件组 StuScoreGroup。

（2）添加日志文件。在"新建数据库"窗口的"数据库文件"列表框的第 4 行，添加日志文件 StuScore_log2，其初始容量为 10MB，自动增长量为 1MB，在弹出的"更改数据文件自动增长设置"对话框中，"最大文件大小"选择"无限制"，完成 StuScore_log2 日志文件的添加。

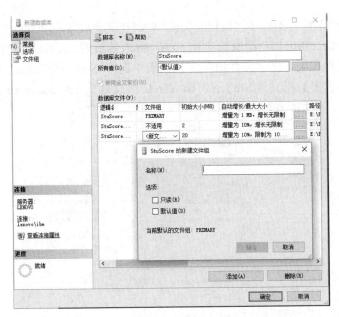

图 3-4 "StuScore 的新建文件组"对话框

2. 在修改数据库时添加文件组

（1）添加次要数据文件。在 SSMS 窗口的左边窗格选择 StuScore 数据库，单击鼠标右键，在弹出的快捷菜单中选择"属性"命令，打开"数据库属性"窗口，选择"文件组"选项，如图 3-5 所示。单击"添加"按钮，添加新文件组 StuScoreGroup，也可以选择现有的文件组，单击"删除"按钮，删除选择的文件组。设置完成后，单击"确定"按钮。

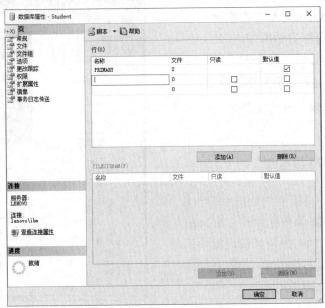

图 3-5 "数据库属性"窗口

选择"文件"选项，在"数据库文件"栏添加次要数据文件 StuScore_data2，初始容量为 20MB，自动增长率为 10%，最大容量为 20GB，存储路径与主要数据文件相同，在"文件组"下拉列表中选择 StuScoreGroup，如图 3-6 所示，将次要数据文件 StuScore_data2.ndf 指派给文件组 StuScoreGroup。

图 3-6 "数据库属性"添加次要数据文件

（2）添加日志文件。在"数据库属性"窗口选择"文件"选项，单击"添加"按钮，在"数据库文件"列表框的第 4 行添加日志文件 StuScore_log2，初始容量为 10MB，自动增长量为 1MB，在弹出的"更改数据文件自动增长设置"对话框中，"最大文件大小"选择"无限制"，完成 StuScore_log2 日志文件的添加。

▶ **注意**：日志文件不属于任何文件组。

3.2.4 删除数据库

对于不再需要的数据库，可以进行删除。删除数据库的方法为在 SSMS 窗口的对象资源管理器中，右击要删除的数据库，在弹出的快捷菜单中选择"删除"命令即可，如图 3-7 所示。

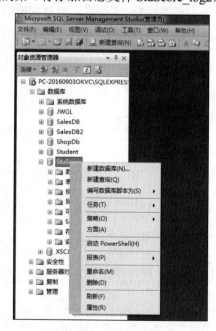

图 3-7 删除数据库

▷ **注意：** 数据库一旦被删除，将无法恢复。

任务 3.3　分离与附加学生成绩管理数据库

3.3.1　任务描述

随着学校规模的扩大，原有的数据库服务器不能充分满足需要，因此学校购置了新的服务器，对数据库服务器进行了升级，因此必须将学生成绩管理数据库移植到新的数据库服务器上。这就需要将数据库从原有服务器分离，再到新的服务器，将数据库附加到系统中。

3.3.2　相关知识

分离数据库就是将某个数据库从 SQL Server 数据库列表中删除，使其不再被 SQL Server 管理和使用，但该数据库的数据文件和对应的日志文件完好无损。分离成功后，可以把数据库的数据文件和对应的日志文件复制到其他磁盘中，作为备份保存。

附加数据库就是将一个备份磁盘中的数据库的数据文件和对应的日志文件复制到需要的服务器上，并将其添加到某个 SQL Server 数据库服务器中，由该服务器管理和使用这个数据库。

3.3.3　任务实施

1．分离学生成绩管理数据库

（1）启动 SQL Server 2012。依次选择 Windows "开始" → "所有程序" → Microsoft SQL Server 2012→SQL Server Management Studio 命令。

（2）设置单用户属性。在"对象资源管理器"窗格中展开服务器节点，在数据库对象下找到数据库 StuScore，右击 StuScore，在弹出的快捷菜单中选择"属性"命令，弹出"数据库属性"窗口，在左侧的"选择页"中选择"选项"，在右侧"其他选项"列表框中拖动滚动条找到"状态"选项，单击"限制访问"，在下拉列表中选择 SINGLE_USER，如图 3-8 所示。在弹出的"打开的连接"对话框中单击"确定"按钮，完成单用户属性设置。

（3）分离数据库。再次右击数据库 StuScore，在弹出的快捷菜单中选择"任务" → "分离"命令，如图 3-9 所示，会弹出"分离数据库"窗口，如图 3-10 所示。在"分离数据库"窗口的右侧列表中选中"更新统计信息"复选框和"删除连接"复选框。若"消息"列中没有显示存在活动连接，则"状态"列显示为"就绪"，否则显示"未就绪"。单击"确定"按钮则分离完成。

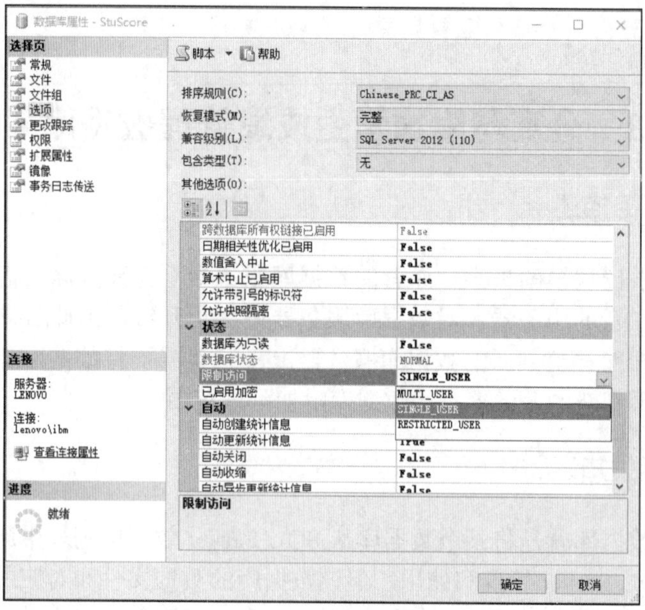

图 3-8　单用户设置

图 3-9　分离菜单

2．附加学生成绩数管理数据库

分离数据库后，可以将全部数据库文件复制到新的服务器上，然后将其附加到 SQL Server，下面是具体的附加方法。

（1）启动 SQL Server 2012，打开 SSMS 窗口。

（2）在 SSMS 的"对象资源管理器"窗格展开数据库服务器，右击"数据库"，并在弹出的快捷菜单中选择"附加"命令，打开"附加数据库"窗口，如图 3-11 所示。

图 3-10 分离数据库

图 3-11 "附加数据库"窗口

（3）在"附加数据库"窗口的右侧单击"添加"按钮，弹出"定位数据库文件"对话框，在"选择文件"文本框中拖动滚动条，选择要添加的数据库文件.mdf（在此已将 StuScore 数据库的文件都保存在 E:\StuScore 文件夹下了），如图 3-12 所示。单击"确定"按钮，返回"附加数据库"窗口，单击"确定"按钮，就完成了学生成绩管理数据库的附加，从而实现了将数据库从原有服务器移植到新的服务器。

图 3-12　定位数据库文件

视频讲解

△ 任务 3.4　使用 T-SQL 创建数据库

在项目的开发过程中，数据库需要部署在客户的实际环境中试运行，但我们在部署时需要考虑的是，如何将后台的数据库移植到客户的计算机中？考虑到各种版本的兼容性，最好的办法就是编写比较通用的 SQL 语句，包括创建数据库、创建表、添加约束等，最后复制到客户的计算机中运行。

3.4.1　SQL 语言与 T-SQL 语言概述

1. 什么是 SQL 语言

SQL 的全称是 Structured Query Language，即结构化查询语言，它是 1974 年由 Boyce 和 Chamberlin 提出的、后来由 IBM 公司研制的。关系数据库 System R 采用了这个语言。经过多年发展，SQL 语言已经成为关系数据库的标准语言。

SQL 语言主要由以下 3 部分组成。

（1）DML（Data Manipulation Language，数据操作语言）：用来查询、插入、删除和修改数据库中的数据，如提供的 SELECT、INSERT、UPDATE、DELETE 等常用命令。

（2）DDL（Data Definition Language，数据定义语言）：用来创建、删除和修改数据库、表、视图、存储过程等的操作命令，如 create table、drop table 等。

（3）DCL（Data Control Language，数据控制语言）：用来管理数据库

用户的权限、安全性、并发性等数据库管理操作，如 grant、revoke 等。

2．SQL 语言的特点

（1）语法简单，功能强大。对关系数据库可以完成所有的关系运算、统计计算及多表操作。

（2）实现数据完整性和数据库安全管理。

（3）SQL 语言是一种面向集合的语言，用户只提出"做什么"，而"怎么做"由 DBMS 来解决。

（4）SQL 语言不是一种程序开发语言，其只提供对数据库的操作能力，不具有屏幕控制、菜单管理等功能。同时，SQL 是一种交互式语言，既可作为独立语言使用，也可以嵌入其他开发语言中使用。

（5）实现分布式数据处理，实现数据仓库。

3．T-SQL 语言

T-SQL（Transact-SQL，事务化 SQL 语言）是对标准 SQL 语言功能的扩充。如标准 SQL 不支持对流程的控制，只是简单的语句，使用起来很不方便。很多大型关系型数据库都在标准 SQL 的基础上，结合自身特点推出了可进行高级编程的、结构化的 SQL 语言，如 SQL Server 的 T-SQL，增加了变量、流程控制语句、预存储程序和内置函数，成为结构化的可编程语言。

3.4.2 　使用 T-SQL 创建数据库

1．创建数据库的语法结构

```
CREATE DATABASE 数据库名
  [ ON
    [ PRIMARY ] [ < filespec > [ , …n ]  ]
    [ , < filegroup >] [ , …n ]
  ]
  [ LOG ON
    [< filespec > [ , …n ] ]
  ]
其中：< filespec >  ∷=
( NAME = 数据文件的逻辑名称
    [ , FILENAME = '文件的物理名称 ' ]
    [ , SIZE =文件的初始大小  [ KB | MB | GB | TB ] ]
    [ , MAXSIZE =文件的最大容量  [ KB | MB | GB | TB | UNLIMITED（不受限
制）] ]
    [ , FILEGROWTH =文件的增量值  [ KB | MB | % ]  ]
    )  [ , …n ]
其中：<filegroup>  ∷=
FILEGROUP 文件组名  [ DEFAULT ]
```

其中，DEFAULT 表示该文件组为默认文件组，如果不设置，则默认文件组是 PRIMARY。

【例 3-1】创建未指定文件的数据库 db01，代码如下。

```
CREATE DATABASE db01
GO
```

分析：本示例没有使用任何参数，全部按照系统默认创建数据库。

【例 3-2】创建指定数据文件和日志文件的数据库 db02，代码如下。

```
CREATE DATABASE db02
ON PRIMARY
( NAME = db02_data,
  FILENAME = 'D:\db\db02_data.mdf',
  SIZE = 10,
  MAXSIZE = 50,
  FILEGROWTH = 5 )
LOG ON
( NAME = db02_log,
  FILENAME = 'D:\db\db02_log.ldf',
  SIZE = 5MB,
  MAXSIZE = 25MB,
  FILEGROWTH = 5MB )
GO
```

分析：第 1 个文件 db02_data 为主文件，在 db02_data.mdf 文件的 SIZE 参数中没有指定单位，将使用 MB 并按 MB 分配空间。

【例 3-3】创建具有文件组的数据库 db03，代码如下。

```
CREATE DATABASE db03
ON PRIMARY
( NAME =db03_data,
  FILENAME ='d:\db\db03_data.mdf',
  SIZE = 100MB,
  MAXSIZE = 1024MB,
  FILEGROWTH = 10% )
FILEGROUP dbgroup
( NAME =db03_data2,
  FILENAME = 'd:\db\db03_data2.ndf',
  SIZE = 100MB,
  MAXSIZE = 2048MB,
  FILEGROWTH = 100MB ),
( NAME = db03_data3,
  FILENAME = 'd:\db\db03_data3.ndf',
  SIZE = 100MB,
  MAXSIZE = 10GB,
```

```
   FILEGROWTH = 10% )
LOG ON
( NAME = db03_log,
   FILENAME = 'd:\db\db03_log.ldf',
   SIZE = 5MB,
   MAXSIZE = 250MB,
   FILEGROWTH = 5MB )
GO
```

分析：本示例创建的数据库 db03 包含两个文件组。① 包含文件 db03_data 的主文件组 PRIMARY；② 名为 dbgroup 的文件组，包含数据文件 db03_data2 和 db03_data3。

2. 使用 T-SQL 创建学生成绩管理数据库

数据库的名称是 StuScore，其中主数据文件 StuScore_data 的初始大小为 10MB，按照 5% 自动增长，文件最大容量为 200MB；日志文件 StuScore_log 的初始大小为 3MB，自动增长方式为每次增长 1MB，文件最大容量为 60MB。数据文件存储在 E:\STUSCOREDATA 文件夹下，日志文件存储在 F:\STUSCORELOG 文件夹下。

```
CREATE DATABASE StuScore
ON PRIMARY
   (NAME = StuScore_data,
    FILENAME = 'E:\STUSCOREDATA\StuScore_data.mdf',
    SIZE = 10MB,
    MAXSIZE = 200MB,
    FILEGROWTH = 5%
    )
LOG ON
   (NAME = StuScore_log,
    FILENAME = 'F:\STUSCORELOG\StuScore_log.ldf',
    SIZE = 3MB,
    MAXSIZE = 60MB,
    FILEGROWTH = 1MB
    )
```

3.4.3　使用 T-SQL 修改数据库

1. 修改数据库的语法结构

通过 ALTER DATABASE 语句，可以添加、删除数据库文件及文件组；可以更改文件或文件组的属性，如名称、容量等；还可以更改数据库名称；但不能移动数据库的存储位置。基本语法如下。

```
ALTER DATABASE database_name
ADD FILE <filespec>    [TO <filegroup_name>]          -- 添加数据文件
```

```
| ADD LOG FILE <filespec>                    -- 添加日志文件
| REMOVE FILE <logic file_name>             -- 删除指定文件
| ADD FILEGROUP <filegroup_name>            -- 添加文件组
| REMOVE FILEGROUP < filegroup_name >       -- 删除文件组
| MODIFY FILE <filespec>                    -- 修改文件
| MODIFY NAME <new_database_name>           -- 重命名数据库
| MODIFY FILEGROUP <filegroup_name>         -- 修改文件组
```

2. 修改学生成绩管理数据库

（1）修改数据库 StuScore，增加次要数据文件为 StuScore_data2，设置在 StuScoreGroup 文件组中，初始大小为 20MB，按照 10%自动增长，文件最大容量为 2GB，数据文件存储在 E:\STUSCOREDATA 文件夹下。

```
ALTER DATABASE StuScore
ADD FILEGROUP StuScoreGroup
  (NAME = StuScore_data2,
  FILENAME = 'E:\STUSCOREDATA\StuScore_data2.ndf',
  SIZE = 20MB,
  MAXSIZE = 2GB,
  FILEGROWTH = 10%
  )
```

（2）增加日志文件 StuScore_log2，初始大小为 10MB，按照 1MB 自动增长，不限制最大容量，日志文件存储在 F:\STUSCORELOG 文件夹下。

```
ALTER DATABASE StuScore
ADD LOG FILE
  (NAME = StuScore_log2,
  FILENAME = 'F:\STUSCORELOG\StuScore_log2.ldf',
  SIZE = 10MB,
  MAXSIZE = UNLIMITED,
  FILEGROWTH = 1MB
)
```

（3）将主数据文件 StuScore_data 的最大容量设置为 500MB。

```
ALTER DATABASE StuScore
MODIFY FILE
  (NAME = StuScore_data,
  MAXSIZE = 500MB
)
```

3.4.4　使用 T-SQL 删除数据库

语法格式如下。

```
DROP DATABASE 数据库名
```

任务 3.5 实训

3.5.1 训练目的

（1）了解 SQL Server 数据库文件的组成。
（2）学会使用 SSMS 创建和修改数据库。
（3）学会使用 T-SQL 创建和修改数据库。
（4）学会使用 SSMS 分离与附加数据库。

3.5.2 训练内容

实训 1　使用 SSMS 创建和修改校园图书管理数据库

（1）使用 SSMS 创建图书管理数据库 SchoolLibrary，其中主数据文件 SchoolLibrary_data 的初始大小为 5MB，按照 10%自动增长，文件最大容量为 100MB，日志文件 SchoolLibrary_log 的初始大小为 3MB，自动增长方式为每次增长 1MB。数据文件存储在 D:\SchoolLibrary_DATA 目录下，日志文件存储在 E:\ SchoolLibrary_LOG 目录下。

⊙ **提示**：文件夹 D:\SchoolLibrary_DATA 与 E:\SchoolLibrary_LOG 需要提前创建好。

（2）使用 SSMS 修改 SchoolLibrary 数据库，添加文件组 SchoolLibrary_group，在文件组中添加一个数据文件 SchoolLibrary_data2，数据文件存储在 D:\SchoolLibrary_DATA 目录下，初始大小为 5MB，按照 10%自动增长，文件最大容量为 50MB。

（3）使用 SSMS 修改 SchoolLibrary 数据库中次要数据文件 SchoolLibrary_data2 的最大容量为 1024MB。

（4）使用 SSMS 分离图书管理数据库 SchoolLibrary，分离操作完成后刷新数据库，查看数据库节点下还有没有 SchoolLibrary 数据库。

（5）使用 SSMS 附加数据库 SchoolLibrary，附加操作完成后刷新数据库，查看数据库节点下是不是又出现了 SchoolLibrary 数据库。

（6）使用 SSMS 查看图书管理系统数据库 SchoolLibrary 的各项属性。

实训 2　使用 T-SQL 创建和管理数据库

（1）使用 DROP DATABASE 语句删除数据库 SchoolLibrary。
（2）创建图书管理数据库 SchoolLibrary，参数要求同实训 1。
（3）修改 SchoolLibrary 数据库，要求同实训 1 中的（2）、（3）。

3.5.3　参考代码

（1）删除数据库 SchoolLibrary。

```
Drop Database SchoolLibrary
```

（2）创建数据库 SchoolLibrary。

```
Create Database SchoolLibrary
On Primary
(Name=SchoolLibrary_data,
Filename='D:\SchoolLibrary_DATA\Schoollibrary_data.mdf',
Size=5,
Maxsize=100,
Filegrowth=10%)
Log on
(Name=SchoolLibrary_log,
Filename='E:\SchoolLibrary_LOG\SchoolLibrary_log.ldf',
Size=3,
Maxsize=Unlimited,
Filegrowth=1)
```

（3）修改数据库。

```
ALTER Database SchoolLibrary
Add Filegroup SchoolLibrary_group

ALTER Database SchoolLibrary
Add File
(Name=SchoolLibrary_data2,
 Filename='D:\ SchoolLibrary_DATA\ SchoolLibrary_data2.ndf',
Size=2,
Maxsize=50,
Filegrowth=10%)
To FileGroup SchoolLibrary_group
```

课后习题

一、选择题

1. SQL Server 数据库文件有 3 类，其中主数据文件的后缀为（　　）。
   A. MDF　　　　　　B. NDF　　　　　C. LDF　　　　　D. IDF
2. SQL Server 中每个数据库有且只有一个（　　）。
   A. 主要数据文件　　　　　　　　B. 次要数据文件
   C. 日志文件　　　　　　　　　　D. 以上选项都不对

3．在使用 CREATE DATABASE 命令创建数据库时，FILENAME 选项定义的是（　　）。

　　A．文件增长量　　　　　　　B．文件大小

　　C．逻辑文件名　　　　　　　D．物理文件名

4．下面描述错误的是（　　）。

　　A．每个数据库中有且只有一个主要数据文件

　　B．日志文件可以存在于任意文件组中

　　C．主要数据文件默认为 PRIMARY 文件组

　　D．文件组是为了更好地实现数据库文件组织

5．下列 SQL 语句中，修改数据库的是（　　）。

　　A．ALTER DATABASE　　　　B．CREATE DATABASE

　　C．DROP DATABASE　　　　　D．以上选项都不对

二、填空题

1．SQL Server 数据库分为_____和_____两类。

2．SQL Server 系统数据库包括_____、_____、_____和_____，其中，最重要的是_____。

3．SQL Server 数据库文件包括：_____、_____和_____ 3 类。

4．SQL 语言的全称为_____。

5．在 SQL Server 2012 中，创建数据库的语句是_____，而修改数据库的语句是_____，删除数据库的语句是_____。

三、编写代码

根据要求写出创建数据库的 T-SQL 语句。

1．创建一个员工管理数据库 empManage，其主数据文件逻辑名为 empmanage_data，物理文件名为 d:\sqldb\empmanage_data.mdf，初始大小为 10MB，最大容量为 50MB，增长速度为 1MB；数据库日志文件逻辑名称为 empmanage_log，物理文件名为 d:\sqldb\empmanage_log.ldf，初始大小为 1MB，最大容量为 20MB，增长速度为 10%。

2．为题 1 创建的数据库添加文件组 EmpGroup 和数据文件 emp_data，文件初始大小为 3MB，最大容量为 20MB，增长率为 5%，该数据文件属于文件组 EmpGroup。

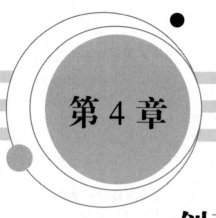

第 4 章

创建和管理数据表

知识目标

❑ 熟悉 SQL Server 的系统数据类型。

❑ 掌握数据表的基本概念。

❑ 掌握数据完整性的概念。

❑ 明确标识列的作用与定义方法。

能力目标

❑ 能够熟练创建表。

❑ 能够熟练修改表的结构。

❑ 能够根据需求创建不同类型的约束。

视频讲解

任务 4.1　数据表基础

4.1.1　什么是表

　　表是数据关系模型中表示实体的方式，是数据库中用来组织和存储数据、具有行列结构的数据库对象，数据库中的数据都存储在表中。表由行和列组成，行也称为记录，是组织数据的单位，每行都是一条独立的数据记录。列称为字段，主要描述数据的属性。

　　表分为普通表和系统表。用户定义的表也称为普通表或标准表，用来存储数据库应用系统中的数据，由用户创建；系统表是由系统创建的，存储了有关数据库服务器的配置、数据库设置、用户和数据库对象的描述等系统信息，用户不能创建。

在同一个数据库中，表名不允许重复，在同一张表中列名不允许相同，但在不同的表中列名可以相同。

4.1.2 SQL Server 的数据类型

在创建表之前，需要考虑要创建的表包含哪些内容，例如一张表都包含哪些列（字段），每列都是什么数据类型。SQL Server 提供了基本数据类型和自定义数据类型，下面分别对其进行介绍。

1．SQL Server 的系统数据类型

在计算机中数据有两种特征，即类型和长度。不同的数据类型用来表示不同的数据，例如一个人的姓名是字符类型数据、年龄是整型数据、出生日期是日期型数据。

在数据库中创建表时，表的每一列都有数据类型，用于指定保存数据的种类。SQL Server 提供了丰富的数据类型，可供创建表、变量、表达式和参数时使用。常用的数据类型有数值型、字符型、日期和时间型、货币型等，如表 4-1 所示。

表 4-1　SQL Server 主要数据类型

分类	数据类型名称	存储字节	说明
精确整数	tinyint	1	范围在 0～255
	smallint	2	范围在 -2^{15}～$2^{15}-1$
	int	4	范围在 -2^{31}～$2^{31}-1$
	bigint	8	范围在 -2^{63}～$2^{63}-1$
精确小数	decimal	5～17	范围在 $-10^{38}+1$～$10^{38}-1$ 的固定精度的数字。decimal(p,s)，p 和 s 分别指定数据精度和小数位数。其中 p 表示可供存储的值的总位数，默认设置为 18；s 表示小数点后的位数，默认值为 0。例如，decimal(10,5)，表示共有 10 位数，其中整数 5 位，小数 5 位
	numeric	5～17	与 decimal 使用相同
近似数字	float	8	可以精确到第 15 位小数，其范围为 -1.79E-308～1.79E+308
	real	4	可以存储十进制数值，最大可以有 7 位精确位数。它的存储范围为 -3.40E-38～3.40E+38
位	bit	1	有两种取值：0 和 1。如果一张表中有 8 个或更少的 bit 列时，用 1 个字节存放。如果有 9～16 个 bit 列时，用 2 个字节存放
货币	money	8	用于存储货币值，以一个整数部分和一个小数部分存储在两个 4 字节的整型值中，存储范围为 -2^{63}～$2^{63}-1$，精确到货币单位的万分之一

续表

分类	数据类型名称	存储字节	说明
货币	smallmoney	4	与 money 数据类型类似，但范围比 money 数据类型小，其存储范围为 $-2^{31} \sim 2^{31}-1$
日期时间	datetime	8	用于存储日期和时间的结合体，它可以存储从公元 1753 年 1 月 1 日零时起至公元 9999 年 12 月 31 日 23 时 59 分 59 秒 997 微秒之间
	datetimeoffset	10	与 datetime 类型类似，日期范围从公元元年 1 月 1 日到公元 9999 年 12 月 31 日，时间范围为 00:00:00～23:59:59.9999999。默认的秒的小数部分精度为 100ns
	smalldatetime	4	与 datetime 数据类型类似，但其日期时间范围较小，它存储为 1900 年 1 月 1 日～2079 年 6 月 6 日的日期
	date	3	存储范围为公元元年 1 月 1 日～公元 9999 年 12 月 31 日
	time	5	存储范围为 00:00:00.0000000～23:59:59.9999999；最小 8 位（hh:mm:ss），最大 16 位（hh:mm:ss.nnnnnnn）
字符串	char	0～8000	char(n)固定长度，非 Unicode 字符串数据。n 用于定义字符串长度，并且它必须为 1～8000 的值。存储大小为 n 字节
	varchar	0～8000	varchar(n)可变长度，非 Unicode 字符串数据。n 用于定义字符串长度，并且它必须为 1～8000 的值。存储大小为 n 字节
	nchar	0～8000	nchar(n)固定长度，Unicode 字符串数据。n 用于定义字符串长度，并且它必须为 1～4000 的值。存储大小为 2n 字节
	nvarchar	0～8000	nvarchar(n)可变长度，Unicode 字符串数据。n 用于定义字符串长度，并且它必须为 1～4000 的值。存储大小为 2n 字节
	text	0～2G	变长非 Unicode 字符串，最大为 $2^{31}-1$ 个字符
	ntext	0～2G	变长 Unicode 字符串，最大为 $2^{30}-1$ 个字符
二进制	binary	0～8000	binary(n)表示长度为 n 字节的固定长度二进制数据，其中 n 是 1～8000 的值。存储大小为 n 字节
	varbinary	0～8000	binary(n)表示长度为 n 字节的可变长度二进制数据，其中 n 是 1～4000 的值。存储大小为 2n 字节
	image	0～$2^{31}-1$	长度可变的二进制数据

续表

分类	数据类型名称	存储字节	说明
其他类型	crusor		特殊类型，对游标的引用
	timestamp		时间戳，SQL Server 在一行数据的活动次序
	table		特殊类型，临时存储一组作为表值函数的结果集返回的行
	uniquedentifier	16	全局唯一标识符，16 位的十六进制数
	xml	0~2G	特殊类型，存储 XML 文档和片段
	sql_variant		特殊类型，存储 text、ntext、image、timestamp 和 sql_variant 型之外的值，最大 8016 个字节

◉ **提示：** Unicode 是一种计算机上使用的统一字符编码，它为每种语言中的每个字符设定了统一并且唯一的二进制编码，以满足跨语言、跨平台进行文本转换和处理的要求。一个 Unicode 字符占用 2 个字节，而一个非 Unicode 字符占用 1 个字节。一般字段内容既有汉字又有英文时，选择 Unicode 字符，只有英文或数字时可用非 Unicode 字符。

2. 用户自定义数据类型

用户自定义数据类型是以 SQL Server 系统数据类型为基础的。当多张表中的列要存储相同类型的数据时，往往要确保这些列具有完全相同的数据类型、长度和为空性（数据的值是否允许为空），可以通过用户自定义数据类型实现。下面通过 SSMS 创建一个 code 的自定义数据类型，要求基于 char 系统数据类型，大小为 6 个字符，步骤如下。

（1）在 SSMS 中的"对象资源管理器"中展开"数据库"节点，选择数据库 StuScore。

（2）展开 StuScore 子节点，并依次展开"可编程性"和"类型"子节点。

（3）右击"用户定义数据类型"命令，在弹出的快捷菜单中选择"新建用户定义数据类型"命令，如图 4-1 所示。

（4）在"新建用户定义数据类型"窗口的"名称"文本框中输入数据类型名称 code；单击"数据类型"列表的 按钮，在列表中选择系统数据类型 char，在"长度"文本框中输入 6；选中"允许 NULL 值"复选框，"默认值"和"规则"文本框可忽略，如图 4-2 所示。

（5）单击"确定"按钮，完成数据类型的定义。

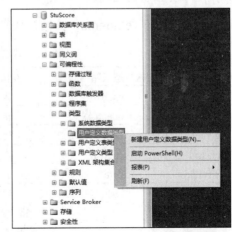

图 4-1 选择新建用户定义数据类型

图 4-2 "新建用户定义数据类型"窗口

（6）刷新"用户定义数据类型"子节点，观察发现自定义数据类型 code 已被排列在"用户定义数据类型"列表中。

视频讲解

⚠ 任务 4.2　使用 SSMS 创建和管理表

4.2.1　任务描述

在完成了学生成绩管理数据库的创建后，接下来根据 1.4.4 节中数据库的逻辑结构设计，确定每张表的表名、列名、数据类型等，创建数据库中的所有表，同时通过定义表的各种约束，保证数据的规范和正确。以下是数据库中各张表的结构。

1. 学生表（students，其结构如表 4-2 所示）

表 4-2　学生表结构

列　　名	数据类型（精度范围）	空/非空	约 束 条 件	说　　明
sno	char(8)	非空	主键	学号
sname	nchar(4)	非空		学生姓名
gender	nchar(1)	空	男或女	性别
classid	char(6)	非空	外键	所属班级编号
birthday	date	空		出生日期
phone	char(13)	空	唯一	联系电话

外 键 说 明		
关 系 名 称	子表.外键	主表.主键
fk_students_class	students.classid	classes.classid

2. 课程表（courses，其结构如表 4-3 所示）

表 4-3 课程表结构

列　　名	数据类型（精度范围）	空/非空	约　束　条　件	说　　明
cno	char(10)	非空	主键	课程号
cname	nvarchar(20)	非空		课程名称
period	int	非空		学时
credit	tinyint	非空		学分
type	nchar(5)	非空	选修课或必修课	课程类型

3. 成绩表（score，其结构如表 4-4 所示）

表 4-4 成绩表结构

列　　名	数据类型（精度范围）	空/非空	约　束　条　件	说　　明
sno	char(8)	非空	主键	学号
cno	char(10)	非空		课程号
grade	tinyint	空	[0,100]	成绩

外　键　说　明		
关　系　名　称	子表.外键	主表.主键
fk_sc_sno	score.sno	students.sno
fk_sc_cno	score.cno	courses.cno

4. 系部表（dept，其结构如表 4-5 所示）

表 4-5 系部表结构

列　　名	数据类型（精度范围）	空/非空	约　束　条　件	说　　明
deptno	char(5)	非空	主键	系部编号
dname	nchar(10)	非空		系部名称
dean	nchar(4)	空		负责人
phone	char(8)	空	唯一	电话

5. 班级表（classes，其结构如表 4-6 所示）

表 4-6 班级表结构

列　　名	数据类型（精度范围）	空/非空	约　束　条　件	说　　明
classid	char(6)	非空	主键	班级编号
speciality	nchar(12)	非空		专业
deptno	char(5)	非空	外键	所属系部编号
counselor	nchar(4)	空		辅导员

外　键　说　明		
关　系　名　称	子表.外键	主表.主键
fk_class_dept	classes.deptno	dept.deptno

6．用户表（users，其结构如表 4-7 所示）

表 4-7　用户表结构

列　名	数据类型（精度范围）	空/非空	约束条件	说　明
login	char(10)	非空	主键	账号
username	nchar(5)	非空		用户姓名
pwd	char(10)	非空		密码

4.2.2　相关知识

1．空值与非空值（NULL 或 NOT NULL）

表中的每一列都有一组属性，例如名称、数据类型、数据长度和为空性等，列的所有属性即构成列的定义。列可以定义为允许或不允许空值。

- ❑ 允许空值（NULL）：在默认情况下，列允许空值，即允许用户在添加数据时省略该列的值。
- ❑ 不允许空值（NOT NULL）：在列没有指定默认值的情况下，不允许省略该列的值。

2．默认值

默认值也称为缺省约束，是指在向表中插入记录时，即使不输入某个字段的值，该字段也会自动产生的默认取值。例如学生表的性别字段，就设置默认值为"男"。

如果在插入行时没有指定列的值，那么默认值将指定列中所使用的值。默认值可以是任何取值为常量的对象，如内置函数和表达式等。

3．主键

表中不允许有完全相同的两行，数据库表的主键是指表中某一个字段值或多个字段的组合值能唯一地标识一条记录（行），那么该字段值或字段的组合值称为主键。主键是能确定一条记录的唯一标识，可以通过定义 PRIMARY KEY 约束来定义主键。

主键的值不能重复并且不能为空，如果主键是表中的一个字段，则该字段的值不能重复，若是多个字段的组合值，则该组合值不能重复，但是单个字段的值可以重复。例如成绩表的主键是学号字段和课程号字段的组合，一名学生可以选修很多门课程，就会产生很多个成绩，意味着有很多个重复的学号，即学号可以重复；一门课程可以被很多名学生选修，也会产生很多个成绩，意味着有很多个重复的课程号，即课程号可以重复；而一名学生和一门课程只会产生一个成绩，则学号与课程号的组合是唯一的。另外，一张表中只能有一个主键。

4．标识列

我们在日常生活中，有时会碰到用递增序列表示的序号，例如一张个人信息表，如表 4-8 所示。

表4-8 个人信息表

序 号	姓 名	电 话
1	张军	13588776531
2	李茜茜	13956321890
3	王露露	13444567704
4	刘志强	18665311364
5	……	……
……	……	……

其中的序号，从 1 开始顺序递增，在 SQL Server 中称之为标识列。

如果数据表中某列被指派特定标识属性（IDENTITY），系统将自动为表中插入的新行生成连续递增的编号，不需要给标识列输入值。

SQL Server 中的标识列习惯上又叫自增列，它具有以下 3 个特点。

（1）列的数据类型为不带小数的数值类型。

（2）在插入记录时，该列的值是由系统按增量自动生成的，不需要输入。

（3）列值不重复，具有标识表中每一行的作用，每张表只能有一个标识列。

标识列包含两项内容：一是种子，即表中第 1 行标识列的值，默认为 1；二是步长（也称增长量），即相邻两个标识值之间的增量，默认为 1。在 SQL Server 中通过 IDENTITY 指定标识列。下面通过具体例子来实现标识列的创建。

【例 4-1】假设要创建一张实验室使用登记表 labsheet，包括序号 id、使用人 user、使用时间 period 等信息，其中 id 字段为 int 型，从 1 开始，每增加一条记录，id 就自动增长 1，则 id 为标识列，设置方式如下。

（1）在 SSMS 的"对象资源管理器"窗口依次展开"数据库"→ StuScore。

（2）右击"表"，在弹出的快捷菜单中选择"新建表"命令，打开"表设计器"窗口。

（3）在此窗口的"列名"的第 1 行输入列名"id"，在"数据类型"的第一个下拉列表中选择"int"数据类型，在下面的"列属性"中找到"标识规范"并展开，在"（是标识）"中选择"是"，在"标识增量"文本框中输入"1"，在"标识种子"文本框中输入"1"，如图 4-3 所示，完成标识列设置。

（4）在表设计器中继续创建其他列，操作步骤略。

（5）单击"保存"按钮，弹出"选择名称"对话框，在"输入表名称"文本框中输入"labsheet"。单击"确定"按钮，完成创建表的操作。

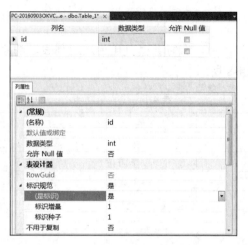

图 4-3 设置标识列

4.2.3 任务实施

1. 创建学生表 students

（1）打开表设计器窗口。在"对象资源管理器"窗格中，展开节点到 StuScore 数据库下的"表"节点，右击"表"，在弹出的快捷菜单中选择"新建表"命令，打开表设计器窗口，如图 4-4 所示。

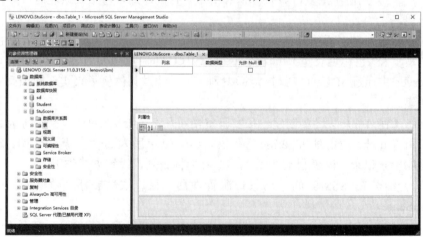

图 4-4 新建表窗口

（2）设置学号字段。在表设计器窗口"列名"栏中的第 1 行输入列名"sno"，在"数据类型"栏的下拉列表中设置数据类型为 char(8)，可以在"列属性"中重新设置数据长度。不选中"允许 Null 值"复选框。右击列名 sno，在弹出的快捷菜单中选择"设置主键"命令，或单击"表设计器"工具栏中的 按钮，将该列设置为主键，如图 4-5 所示。

（3）设置学生姓名字段。重复步骤（2）的操作，但是不设置姓名为主键。

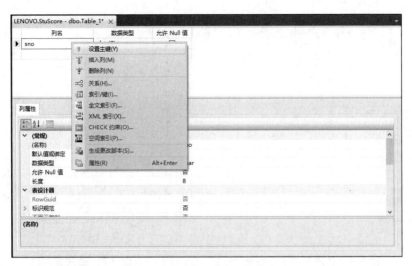

图 4-5 设置主键

（4）设置性别字段。重复步骤（3）的操作。选中"允许 Null"复选框。在下方"列属性"中的"默认值或绑定"文本框中输入"男"，如图 4-6 所示。

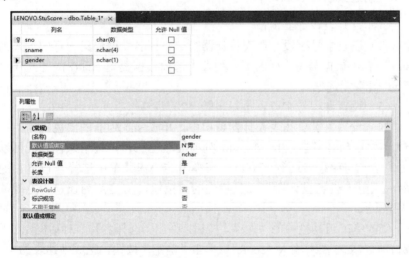

图 4-6 设置默认值

◉ **提示**：列名前的黑色三角表示正在编辑的列，单击任意列名前的黑色三角即可选中该行。

（5）按同样的方法创建班级字段、出生日期字段，这两字段都允许为空（选中"允许 Null 值"复选框），即当插入记录时，可以不给该列赋值。

（6）完成字段设置，结果如图 4-7 所示。

（7）单击工具栏中的 ![保存按钮] 按钮，弹出"选择名称"对话框，如图 4-8 所示，在"输入表名称"文本框中输入"students"。单击"确定"按钮，完成 students 表的创建。

列名	数据类型	允许 Null 值
sno	char(8)	☐
sname	nchar(4)	☐
gender	nchar(1)	☑
classid	char(6)	☐
birthday	date	☑
phone	char(13)	☑
		☐

列属性

(常规)	
(名称)	sno
默认值或绑定	
数据类型	char
允许 Null 值	否
长度	8
表设计器	
RowGuid	否
标识规范	否
不用于复制	否
大小	8

图 4-7 创建完成 students 表   图 4-8 输入表名称

2. 创建课程表 courses

操作步骤与创建 students 表相同，在此创建过程略。

3. 创建成绩表 score

（1）打开表设计器窗口。

（2）设置学号字段。在表设计器窗口"列名"栏的第一行中输入列名"sno"，在"数据类型"栏的下拉列表中选择数据类型 char(8)，不选中"允许 Null 值"复选框。

（3）设置课程号字段。重复步骤（2）。

（4）设置主键。在表设计器窗口中，单击 sno 列前的黑色三角，选中学号，按住 Shift 键，再单击 cno 列前的黑色三角，选中课程号，可以同时选中学号与课程号两行，右击，在弹出的快捷菜单中选择"设置主键"命令，或单击"表设计器"工具栏中的■按钮，将这两列设置为主键，如图 4-9 所示。

（5）单击工具栏中的"保存"按钮，弹出"选择名称"对话框，在"输入表名称"文本框中输入"score"。单击"确定"按钮，完成创建表的操作。

4. 修改表

在实际应用中，有时需要对数据表进行修改，例如增加字段、删除字段，或者改变字段的数据类型和长度等。下面就来学习如何在 SSMS 中修改数据表的结构。

1）增加列

【例 4-2】在学生表 students 中增加列 state，数据类型是 nchar(4)，用来存储学籍状态（注册、休学、退学等），默认值是"注册"，允许为空；增加列 address，数据类型是 nvarchar(30)，用来存储家庭地址，允许为空，操作步骤如下。

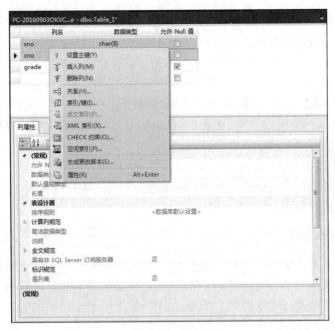

图 4-9　设置主键

（1）在 SSMS 中的左窗格，依次展开"数据库"→StuScore→"表"，右击 students 表，从弹出的快捷菜单中选择"设计"命令，打开表设计窗口。

（2）如果想在表的最后增加 state 列，则在原有最后一列的后面输入新列的定义，或在想插入新列的位置处右击，从弹出的快捷菜单中选择"插入列"命令，然后输入新列的定义即可，如图 4-10 所示。

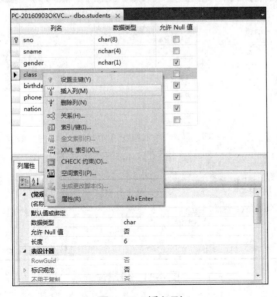

图 4-10　插入列

（3）选中新插入的 state 列，在"列属性"中的"默认值或绑定"后的文本框输入"注册"。

（4）可以按同样的方法增加 address 列。

（5）单击工具栏中的"保存"按钮，保存修改结果。

2）删除列

【例 4-3】删除 students 表中的 address 列。

在表设计器中，选中要删除的列 address，单击鼠标右键，从弹出的快捷菜单中选择"删除列"命令即可。

3）修改列

如果要修改已有列的数据类型和长度，先选中要修改的列，然后在"列属性"中修改即可。

5. 重命名表

展开"对象资源管理器"窗格的"数据库服务器"节点到 StuScore 数据库的"表"节点，打开"表"节点，选择要重命名的表，右击，在弹出的快捷菜单中选择"重命名"命令，可以给表重命名。

6. 查看表属性

展开"对象资源管理器"窗格的数据库服务器节点到 StuScore 数据库的"表"节点，选择要查看属性的表（如表 students），单击鼠标右键，在弹出的快捷菜单中选择"属性"命令，可以查看数据表的属性，如图 4-11 所示。

图 4-11　表属性

7. 删除表

在"对象资源管理器"中，展开到要删除的表节点，在要删除的表节

点处单击鼠标右键，在弹出的快捷菜单中选择"删除"命令，弹出"删除
对象"对话框，单击"确定"按钮，完成表的删除。

任务 4.3 使用 T–SQL 创建和管理表

视 频 讲 解

4.3.1 使用 CREATE TABLE 语句创建表

1. 任务描述

在 StuScore 数据库中，根据需要还需创建班级表、系部表和用户表，
使用 T-SQL 语句按照表 4-5～表 4-7 所示的表结构创建系部表、班级表和用
户表。

2. 相关知识

创建表的 T-SQL 语句为 Create Table 语句，语法如下。

```
CREATE TABLE   表名
(  列名    数据类型  [列级完整性约束条件]
[,…n]
[,表级完整性约束条件] )
```

创建表需要提供表名，对每一列必须定义列名和数据类型。
不同约束类型，对应的语法略有不同，在 4.4 节将做详细介绍。
先介绍一下前面讲过的空/非空、默认的语法。
非空与空对应的语法为 NOT NULL 和 NULL，默认为 NULL。
默认约束的语法为 DEFAULT 默认值。

【例 4-4】创建一张商品信息表 products。商品代号 p_id，数据类型为
int、标识列；商品名称 p_name 最多 20 个字符（中英文都有可能），不允许
为空；商品单价 price，数据类型为 decimal(8,2)；数量 quantity 数据类型为
smallint。

对应的代码如下。

```
CREATE TABLE products
(p_id int IDENTITY(1, 1),
 p_name nvarchar(20) NOT NULL,
price decimal(8,2),
quantity smallint)
```

◉ 提示：IDENTITY(m, n)表示标识列，m 为种子值，n 为增量值。

3. 任务实施

先使用 T-SQL 语句创建不带约束的系部表、班级表和用户表，代码
如下。

```
--系部表
Create Table dept
( deptno            char(5)   Not   Null,
  dname             char(10)  Not   Null,
  dean              nchar(4),
  phone             char(8)
)
--班级表
   Create Table classes
   (classid          char(6)   Not   Null,
   speciality        nchar(12)  Not   Null,
   deptno            Char(5)   Not   Null,
   counselor         Nchar(4)
   )
--用户表
   Create Table users
   (login            Char(10)  Not   Null,
   username          Nchar(5)  Not   Null,
   pwd               Char(10)  Not   Null
   )
```

4.3.2   使用 ALTER TABLE 语句修改表

1. 任务描述

修改 students 表，增加学生民族信息，列名为 nation，数据类型为 nvarchar(10)。默认值为"汉族"。

2. 相关知识

修改表结构的语法格式如下。

1）修改已有的列的数据类型

```
ALTER TABLE  表名
ALTER COLUMN  列名   数据类型
```

2）增加列

```
ALTER TABLE  表名
ADD        列名 数据类型[ ,...n ]
```

3）删除列

```
ALTER TABLE   表名
DROP  COLUMN 列名 [ ,...n ]
```

【例 4-5】在学生表中添加一个用来记录身份证号（第一代 15 位）的

列 sid，代码如下。

```
ALTER TABLE students
ADD    sid    char(15)
```

【例 4-6】第二代身份证号为 18 位，更改学生表中 sid 一列的数据类型，代码如下。

```
ALTER TABLE students
ALTER COLUMN sid char(18)
```

【例 4-7】删除学生表中的 sid 一列，代码如下。

```
ALTER TABLE students
 DROP COLUMN sid
```

3．任务实施

修改 students 表，增加列 nation nvarchar(10)，默认值为"汉族"。

```
ALTER TABLE students
ADD nation nvarchar(10)    DEFAULT '汉族'
```

4.3.3　使用 DROP TABLE 语句删除表

语法格式如下。

```
DROP TABLE  表名
```

▶ **注意**：被删除的表将无法恢复。

【例 4-8】删除产品信息表 products，代码如下。

```
DROP TABLE products
```

⚠ 任务 4.4　保证表中数据的完整性

视频讲解

4.4.1　任务描述

前面创建的表，没有考虑数据的约束条件，例如不同表的字段之间的关系、某些字段要求有一定的取值范围等。下面继续完善上述表，使重新创建的表满足设计中提出的各种约束。

（1）修改系部信息表，设置主键为 deptno，字段 phone 具有唯一性。

（2）修改学生表，设置性别字段 gender 的取值只能是"男"或"女"。

（3）修改成绩表，设置外键为 sno 和 cno。

（4）修改学生表，设置电话字段 phone 不能重复，即具有唯一性。

（5）修改课程表，设置课程类型字段 type 的取值只能是"选修课"或

"必修课"。

  （6）修改学生表，添加外键 classid。

  （7）创建用户表。

4.4.2　相关知识

1. 数据完整性的概念

首先来看如图 4-12 所示的带有不规范数据的会员信息表。

会员编号	姓名	性别	email	年龄
10001	紫罗兰	女	luolan@163.com	40
10002	苗木	女	miaomiao	370
10019	高伟	南	NULL	NULL

图 4-12　带有不规范数据的会员信息表

图 4-12 中的数据有些是不准确、不可靠的，例如"苗木"的 email 格式不正确、年龄明显超出正常的范围，"高伟"的性别也有错误。

这些数据都是不可靠的，那么如何才能保证数据的准确可靠呢？这就需要对数据表进行数据完整性设置。

数据完整性是指数据的精确性和可靠性。它是为防止数据库中存在不符合语义规定的数据、防止因错误信息的输入（输出）造成无效操作及错误而提出的。

2. 数据完整性的分类

数据完整性可分为以下 4 种类型。

（1）实体完整性：也叫行完整性，指表的每一行在表中是唯一的实体。例如，学生表中的每一行代表表中唯一的一名学生，换句话说，学生表中不能有两行或两行以上记录表示同一名学生。

（2）域完整性：也叫列完整性，指列满足特定的数据类型和约束。例如，成绩表中成绩这一列的值限定在[0,100]，学生表中性别只能为"男"或"女"。

（3）参照完整性：也叫引用完整性，指表和表之间的字段值是有关联的（特殊情况是产生在同一张表的不同字段值之间），参照表中的外键值必须存在于被参照表中的主键值中。例如，成绩表中的学号这一列的值必须存在于学生表中学号这一列的值中；再例如，成绩表中的课程号这一列的值必须存在于课程表中课程号的这一列值中。

（4）用户定义的完整性：指某一具体的应用必须满足的语义要求或用户实际的业务规则。

3. 数据完整性的实施方法

数据完整性的主要实施方法有声明型数据完整性和过程型数据完整

性。其中，声明型数据完整性包括约束、规则和默认值；过程型数据完整性包括触发器和存储过程。下面重点介绍利用约束实施数据完整性。

4. 约束的类型

约束是 SQL Server 提供的自动保持数据库完整性的一种方法。约束分为主键约束、唯一约束、检查约束、外键约束、默认约束、非空约束。

按约束所应用的列的数目，约束又可以分为列级约束和表级约束。列级约束指只对一列起作用的约束；表级约束指应用在一张表中的多列上的约束。

1）主键约束（PRIMARY KEY）

主键是表中某列或多个列的组合，它可以唯一确定一条记录。

因为主键能够唯一地确定表中的一条记录，所以主键约束可以保证实体完整性。每张表只能有一个主键，主键不能取空值。

2）唯一约束（UNIQUE）

唯一约束用于指定表中某列或多个列的组合值，具有唯一性，确保在非主键列中不输入重复的值。唯一约束可以保证实体的完整性。这点和主键约束相同，不过使用唯一约束的字段允许为空值（但只能有一个该字段值为空），并且一张表中可以允许有多个唯一约束。

3）默认约束（DEFAULT）

若在表中定义了默认值约束，用户在插入新的数据行时，如果没有为该列指定数据，那么系统将默认值赋给该列。

4）检查约束（CHECK）

检查约束指定某列可取值的集合或范围，用于实现域完整性。一张表可有多个检查约束。

5）非空约束（NOT NULL）

指定表中的某些列必须保持具体值的状态，可以实现域完整性。

6）外键约束（FOREIGN KEY）

表与表之间是有关系的，假设两张表分别为 A 表和 B 表，两张表中有相同的列 m，m 在 A 表中不是主键，但是在 B 表中是主键或具有唯一约束，则 A 表中的列 m 被称为外键，A 表被称为从表或参照表，B 表被称为主表或被参照表。外键表示一张表中的列与另一张表中列的引用联系，以保证不同表中数据的一致性，用于实现参照完整性。

例如，成绩表中的学号字段的值必须引用的是学生表中学号的值（即学号必须在学生表中已存在），成绩表中的学号字段为外键，成绩表为从表（或参照表），学生表中的学号为主键，学生表为主表（或被参照表）。

▶ **注意**：被设置为外键的列和被参照列的列名可以不同，但含义必须相同，数据类型必须一致。

5. 创建和删除约束的 T-SQL 语句

可以在创建表的同时创建约束，也可以在修改表时创建约束。

可以使用图形化界面"表设计器"创建约束和删除约束，也可以使用 T-SQL 语句。

1）创建表时创建约束

语法格式如下。

```
CREATE TABLE  表名
(列名  数据类型  列约束,
 ……
CONSTRAINT    约束名  约束,
……
)
```

2）修改表时创建约束

语法格式如下。

```
ALTER TABLE  表名
ADD CONSTRAINT  约束名  约束定义
```

3）删除约束

```
ALTER TABLE  表名
DROP CONSTRAINT  约束名
```

下面通过具体案例讲解约束的具体创建方法。

4.4.3　任务实施

以上任务可通过图形化界面方式和 T-SQL 语句分别实现。

> **任务 1　创建系部表的主键约束、唯一约束**

按表 4-5 所示的表结构，修改系部信息表，创建主键约束、唯一约束。

（1）在 SSMS 的"对象资源管理器"窗格中，展开节点到 StuScore 数据库下的"表"节点，右击 dept 表，在弹出的快捷菜单中选择"设计"命令，打开表设计器窗口。

（2）选中要设置为主键的列 deptno，右击，在弹出的快捷菜单中选择"设置主键"命令，如图 4-13 所示。

图 4-13　设置主键

（3）右击需要定义唯一约束的列 phone，从弹出的快捷菜单中选择"索引/键"命令，弹出"索引/键"对话框，单击"添加"按钮，在右侧文本框中输入名称，选择具有唯一性的列 phone，在"是唯一的"后面选择"是"，如图 4-14 所示。

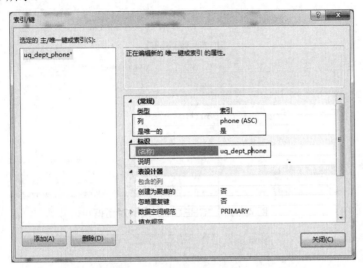

图 4-14　设置具有唯一性的列

任务 2　设置学生表中的性别字段 gender 的取值只能是"男"或"女"

（1）在 SSMS 中，选择 students 表，右击，在弹出的快捷菜单中选择"设计"命令。

（2）在表设计器中，选择 gender 字段，右击该字段，在弹出的快捷菜单中选择"CHECK 约束"命令，如图 4-15 所示。

图 4-15　选择 CHECK 约束

（3）在打开的"CHECK 约束"对话框中，如图 4-16 所示，首先定义约束的名称为 CK_students_gender，然后单击表达式后面的▦按钮，打开

"CHECK 约束表达式"对话框，输入相应的表达式，如图 4-17 所示。

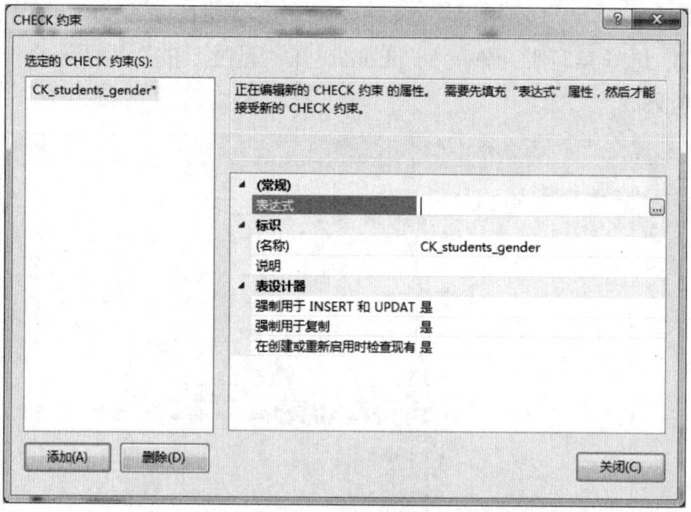

图 4-16   "CHECK 约束"对话框

图 4-17   输入 CHECK 约束表达式

（4）单击"确定"按钮，返回"CHECK 约束"对话框，然后单击"关闭"按钮，就完成了 CHECK 约束的创建。

任务 3   设置成绩表的外键

（1）在 SSMS 中的左窗格，依次展开"数据库"→StuScore→"表"，右击 score 表，从弹出的快捷菜单中选择"设计"命令，打开表设计窗口。

（2）单击表设计器工具栏中的 按钮，打开"外键关系"对话框。也可以右击要创建外键的列，在弹出的快捷菜单中选择"关系"命令。

（3）打开"外键关系"对话框，单击"添加"按钮，如图 4-18 所示。

（4）在"外键关系"对话框的右侧选中"表和列规范"选项，右侧会出现 按钮，单击此按钮，打开"表和列"对话框，在"主键表"下拉列表框中选择 students 表，在第一个可编辑的下拉列表中选择 sno 列，在"外键表"中的可编辑栏下拉列表中也选择 sno 列，如图 4-19 所示。

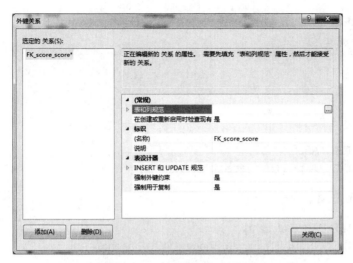

图 4-18 "外键关系"对话框

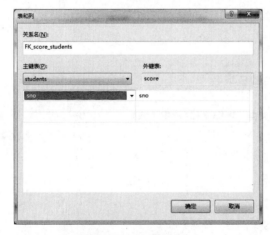

图 4-19 创建外键

（5）单击"确定"按钮，返回到"外键关系"对话框，单击"关闭"按钮，外键创建完成。

可以按同样的步骤，创建 score 表中的外键 cno，操作步骤略。

任务 4 设置学生表中的电话字段 phone 不能重复，即具有唯一性

格式 1 如下。

```
CREATE TABLE 表名
( 列的定义,
  列名 数据类型 UNIQUE,
  ……
)
```

格式 2 如下。

```
CREATE TABLE 表名
( 列的定义,
  CONSTRAINT 约束名 UNIQUE(列名),
......
)
```

格式 3 如下。

```
ALTER TABLE 表名
ADD CONSTRAINT 约束名 UNIQUE(列名)
```

实现上述任务的语句如下。

```
ALTER TABLE students
ADD CONSTRAINT uq_stu_phone UNIQUE(phone)
```

 任务 5　设置课程表中的课程类型字段 type 的取值只能是"选修课"或
　　　　　"必修课"

格式 1 如下。

```
CREATE TABLE 表名
( <列的定义> ,
 列名 数据类型 CHECK(逻辑表达式),
 ......
)
```

格式 2 如下。

```
CREATE TABLE 表名
(  <列的定义> ,
   CONSTRAINT 约束名 CHECK(逻辑表达式),
  ......
)
```

格式 3 如下。

```
ALTER TABLE 表名
ADD CONSTRAINT 约束名 CHECK(逻辑表达式)
```

实现上述任务的语句如下。

```
ALTER TABLE courses
ADD CONSTRAINT ck_type CHECK(type='必修课' or type='选修课')
```

任务 6　修改学生表，添加外键 classid

外键的关键字为 Foreign Key …References。

格式 1 如下。

```
CREATE TABLE 表名
(   <列的定义>,
    列名  数据类型  [Foreign Key] References  主键表 (列名),
    ……
)
```

格式 2 如下。

```
CREATE TABLE  表名
(<列的定义>  [,…n],
 CONSTRAINT  约束名  FOREIGN KEY (列名) REFERENCES  主键表(列名)
 )
```

格式 3 如下。

```
ALTER TABLE   表名
ADD CONSTRAINT  约束名  FOREIGN KEY (列名) REFERENCES  主键表(列名)
```

实现上述任务的语句如下。

```
ALTER TABLE students
ADD CONSTRAINT ck_classid FOREIGN KEY(classid) REFERENCES classes
(classid)
```

任务 7　创建用户信息表（表结构如表 4-7 所示）

```
Create Table users
 (login    Char(10)   Primary Key,
username    Nchar(5)   Not  Null,
pwd  Char(10)  Not  Null
)
```

任务 4.5　实训

4.5.1　训练目的

（1）学会合理设计表结构。
（2）掌握使用 SSMS 和 CREATE TABLE 语句创建数据表。
（3）掌握使用 SSMS 和 ALTER TABLE 语句修改数据表。
（4）掌握创建约束实施数据完整性。

4.5.2　训练内容

（1）使用 SSMS 在数据库 SchoolLibrary 中创建读者信息表 readers，

其结构如表 4-9 所示。

表 4-9　读者信息表结构

列　　名	数据类型（精度范围）	空/非空	约 束 条 件	说　　明
readerid	char(12)	非空	主键	借书证号
readername	nvarchar(20)	非空		读者姓名
gender	nchar(1)	空	取值只能是男或女	性别
depart	Nvarchar(20)	非空		所属部门
rtype	nchar(4)	非空		读者类型

（2）使用 T-SQL 语句在数据库 SchoolLibrary 中创建图书信息表 books，其结构如表 4-10 所示。

表 4-10　图书信息表结构

列　　名	数据类型（精度范围）	空/非空	约 束 条 件	说　　明
bookid	char(10)	非空	主键	图书编号
bookname	nvarchar(20)	非空		图书名称
type	nchar(4)	非空		图书类别
isbn	char(18)	非空		发行书号
author	nvarchar (20)	空		作者
press	nvarchar(30)	空		出版社
predate	date	空		出版日期
price	smallmoney	空		价格
state	nchar(4)	空	在架、借出	图书状态
memo	nvarchar(200)	空		内容简介

（3）使用 T-SQL 语句在数据库 SchoolLibrary 中创建借阅记录信息表 records，其结构如表 4-11 所示。

表 4-11　借阅记录信息表结构

列　　名	数据类型（精度范围）	空/非空	约 束 条 件	说　　明
recordid	int	非空	主键	借阅编号
readerid	char(12)	非空		读者编号
bookid	char(10)	非空		图书编号
outdate	date	空		借阅时间
indate	date	空		归还时间
overdue	bit	空		是否逾期
penalty	smallmoney	空		罚款金额

（4）使用 SSMS 修改读者信息表 readers，为表中 gender 字段设置默认值为"男"。

（5）使用 T-SQL 语句修改读者信息表 readers，为表中 rtype 字段设置适当的约束，限制该列的取值只能是"学生"或"教师"。

（6）使用 SSMS 修改借阅记录信息表 records，将表中 readerid 字段设置为外键。

（7）使用 T-SQL 语句修改借阅记录信息表 records，为表中 bookid 字段添加外键约束。

4.5.3　参考代码

使用 T-SQL 创建表如下所示。

```
USE SchoolLibrary
--如果当前数据库中存在 readers 对象，则删除。sys.objects 为系统视图
IF Exists(SELECT *   FROM   sys.objects WHERE name='readers')
    Drop   Table readers
Create Table readers
(readerid Char(12) Primary Key,
readername Nvarchar(20) Not Null,
gender Nchar(1) Check(gender='男' Or gender='女') Default '男',
depart Nvarchar(20) Not Null,
 rtype   Nchar(4) Not Null Check(type='教师' or type='学生'))

USE SchoolLibrary
IF Exists(SELECT *   FROM   sys.objects WHERE name='books')
    Drop   Table books
Create Table books
(bookid Char(10) Primary Key,
bookname Nvarchar(20) Not Null,
type Nchar(4) Not Null,
ISBN Char(18) Not Null,
author Nvarchar(20),
press Nvarchar(30),
predate Date,
price Smallmoney,
state Nchar(4) Check(state='在架' Or state='借出'),
memo Nvarchar(200))

USE SchoolLibrary
IF Exists(SELECT *   FROM   sys.objects WHERE name='records')
    Drop   Table records
Create Table records
(recordid Int Primary Key,
readerid Char(12) Not Null References readers(readerid),
bookid Char(10) Not Null references books(bookid),
outdate Date,
```

```
indate Date,
overdue Bit,
penalty Smallmoney)
```

课后习题

一、选择题

1. 下列数据类型，在定义时需要指出数据长度的是（　　）。

　A．int　　　　　　B．char　　　　C．datetime　　　D．money

2. 若定义一名学生的出生日期，则应该选用（　　）类型。

　A．datetime　　　　B．char　　　　C．int　　　　　D．text

3. 若定义一名职工的姓名最多 4 个汉字，则最合适的类型定义为
（　　）。

　A．char(10)　　　　B．text　　　　C．varchar(8)　　D．int

4. 在 SQL 中，创建表使用的命令是（　　）。

　A．CREATE DATABASE　　　　B．CREATE TABLE

　C．CREATE VIEW　　　　　　D．CREATE INDEX

5. 建立学生表时，限定性别字段的值必须是男或女是实现数据的
（　　）。

　A．实体完整性　　　　　　　B．参照完整性

　C．域完整性　　　　　　　　D．以上都不是

6. 若要限定表中某列不允许出现重复数据且不能为空值，应当使用
（　　）约束。

　A．CHECK　　　　　　　　　B．PRIMARY KEY

　C．FOREIGN KEY　　　　　　D．UNIQUE

7. 下面哪一个约束用来禁止输入重复值？（　　）

　A．UNIQUE　　　　　　　　　B．NULL

　C．DEFAULT　　　　　　　　　D．FOREIGN KEY

8. 若要限制输入到列的值的范围，应该使用（　　）约束。

　A．CHECK　　　　　　　　　B．PRIMARY KEY

　C．FOREIGN KEY　　　　　　D．UNIQUE

9. SQL 语言中，修改表结构的命令是（　　）。

　A．ALTER　　　　　　　　　B．CREATE

　C．UPDATE　　　　　　　　　D．INSERT

10. SQL 语言中，删除表的命令是（　　）。

　A．DELETE　　　　　　　　　B．DROP

　C．CLEAR　　　　　　　　　D．REMOVE

二、填空题

1．SQL Server 提供的常用数据类型分为＿＿＿＿＿、＿＿＿＿＿、
＿＿＿＿＿类型。

2．SQL Server 提供的整数类型分为＿＿＿＿＿、＿＿＿＿＿、＿＿＿＿
和＿＿＿＿＿类型。

3．数据完整性指＿＿＿＿＿＿＿＿＿＿＿＿＿＿＿＿＿＿＿＿＿。

4．数据完整性约束包括＿＿＿＿＿＿完整性、＿＿＿＿＿＿完整性、
参照完整性和用户定义完整性。

5．在 SQL Server 2012 中，约束分为非空约束、默认约束、＿＿＿＿＿、
＿＿＿＿＿、检查约束和唯一约束 6 种类型。

6．数据类型 char 和 varchar 的区别在于＿＿＿＿＿＿＿＿＿＿＿＿。

7．数据类型 char 和 nchar 的区别在于＿＿＿＿＿＿＿＿＿＿＿＿。

8．创建表使用的 T-SQL 语句是＿＿＿＿＿＿＿＿＿＿＿＿＿＿＿。

9．修改表使用的 T-SQL 语句是＿＿＿＿＿＿＿＿＿＿＿＿＿＿＿。

10．删除表使用的 T-SQL 语句是＿＿＿＿＿＿＿＿＿＿＿＿＿＿。

三、编程题

对第 3 章课后习题创建的员工管理数据库进行如下操作，写出相应的
SQL 语句。

1．创建部门信息表 dept，结构如表 4-12 所示。

表 4-12 部门信息表结构

列　　名	数据类型（精度范围）	空/非空	约束条件	说　　明
deptno	int	非空	主键	部门编号
dname	char(12)	非空		部门名称
leader	int			部门负责人

2．创建员工信息表 emp，结构如表 4-13 所示。

表 4-13 员工信息表结构

列　　名	数据类型（精度范围）	空/非空	约束条件	说　　明
empno	int	非空	主键	员工号
ename	char(12)	非空		姓名
job	char(20)			岗位
hiredate	date			入职日期
sal	decimal(7,2)			工资
deptno	int		外键	部门编号

3．创建工资级别数据表 salgrade，结构如表 4-14 所示。

表 4-14　工资级别数据表结构

列　　名	数据类型（精度范围）	空/非空	约束条件	说　　明
grade	int	非空	主键	等级
losal	decimal(7,2)			最低工资
hisal	decimal(7,2)			最高工资

4．修改员工信息表 emp，添加 tel 列，用来保存员工的联系电话，该列的值具有唯一性。

5．删除部门信息表 dept 中的 leader 字段。

第 5 章

编辑数据

知识目标

❑ 了解什么是 T-SQL 语句。
❑ 掌握 SQL Server 的表达式的书写与计算。
❑ 熟练掌握 INSERT、UPDATE、DELETE 语句的语法格式。

能力目标

❑ 会使用 SSMS 编辑数据。
❑ 会使用 INSERT 语句插入数据。
❑ 会使用 UPDATE 语句更新数据。
❑ 会使用 DELETE 语句删除数据。

任务 5.1　使用 SSMS 编辑数据表中的数据

视频讲解

5.1.1　任务描述

学生成绩管理数据库中的表已创建成功，现在可以将相关数据录入表中。各张表的数据如表 5-1～表 5-3 所示。录入后可以根据用户需要，对表中的数据进行更新与删除。

表 5-1　学生表 students 中的数据

sno	sname	gender	classid	birthday	phone	nation
J1300101	王一诺	男	J13001	1997.8.15	13763247853	汉族
J1300102	孙俊明	男	J13001	1996.12.4	13763291286	汉族

续表

Sno	sname	gender	classid	birthday	phone	nation
J1300103	赵子萱	女	J13001	1998.3.5	13763284361	汉族
J1300104	殷志浩	男	J13001	1997.5.23	13763274502	汉族
J1300105	张小梦	女	J13001	1997.2.7	13763215628	汉族
J1300201	李俊恩	男	J13002	1996.11.20	18395876935	汉族
J1300202	武琳洋	女	J13002	1997.6.5	18395837213	汉族
J1300203	马振翔	男	J13002	1996.3.15	18395845839	回族
Z1300101	林欣玉	女	Z13001	1998.4.21	13287237589	汉族
Z1300102	王善其	男	Z13001	1997.10.3	13287292013	汉族
Z1300103	庆格尔泰	男	Z13001	1996.1.19	13287273857	蒙古族
Z1300201	刘恒	男	Z13002	1998.2.13	18668903201	汉族
Z1300202	黄语嫣	女	Z13002	1996.9.12	18668939586	汉族

表 5-2　课程表 courses 中的数据

cno	cname	period	credit	type
0101001	高等数学	128	8	必修课
0201002	C 语言程序设计	96	6	必修课
0201003	SQL Server 数据库应用技术	96	6	必修课
0301001	自动控制原理	64	4	必修课
0102005	影视文化欣赏	32	2	选修课

表 5-3　成绩表 score 中的数据

sno	cno	grade	sno	cno	grade
J1300101	0101001	92	Z1300101	0201002	83
J1300102	0101001	75	Z1300201	0201002	74
J1300103	0101001	84	J1300101	0201003	90
J1300104	0101001	52	J1300102	0201003	78
J1300105	0101001	63	J1300103	0201003	50
J1300201	0101001	90	J1300104	0201003	69
J1300202	0101001	86	J1300105	0201003	85
J1300203	0101001	78	J1300201	0201003	91
Z1300101	0101001	95	Z1300101	0301001	90
Z1300103	0101001	72	Z1300103	0301001	72
Z1300201	0101001	88	Z1300201	0301001	93
Z1300202	0101001	81	Z1300202	0301001	85
J1300101	0201002	93	J1300101	0301001	76
J1300102	0201002	80	J1300101	0102005	89
J1300103	0201002	86	J1300103	0102005	90
J1300104	0201002	51	J1300201	0102005	85
J1300105	0201002	60	J1300203	0102005	70
J1300201	0201002	95	Z1300101	0102005	86
J1300202	0201002	79	Z1300202	0102005	54
J1300203	0201002	47			

5.1.2 任务实施

1. 向学生表录入数据

向表中录入数据可以使用 SSMS，在图形化界面下进行，也可以使用 insert 语句。使用 SSMS 录入数据就像使用电子表格一样逐行插入记录，下面介绍通过 SSMS 向学生表录入数据，操作步骤如下。

（1）打开"对象资源管理器"，展开"数据引擎服务器"节点，展开"数据库"，找到 StuScore 数据库，展开该节点，打开"表"节点。

（2）右击 students 表，在弹出的快捷菜单中选择"编辑前 200 行"命令，打开"编辑数据"窗口，如图 5-1 所示，依次将每一行的信息输入到表中，即可完成数据的录入。数据录入完成如图 5-2 所示。

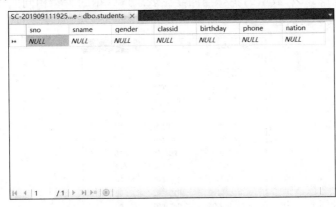

	sno	sname	gender	classid	birthday	phone	nation
▶*	NULL	NULL	NULL	NULL	NULL	NULL	NULL

图 5-1 "编辑数据"窗口

sno	sname	gender	classid	birthday	phone	nation
J1300101	王一诺	男	J13001	1997-08-1...	13763247...	汉族
J1300102	孙俊明	男	J13001	1996-12-0...	13763291...	汉族
J1300103	赵子萱	女	J13001	1998-03-0...	13763284...	汉族
J1300104	殷志浩	男	J13001	1997-05-2...	13763274...	汉族
J1300105	张小梦	女	J13001	1997-02-0...	13763215...	汉族
J1300201	李俊恩	男	J13002	1996-11-2...	18395876...	汉族
J1300202	武琳洋	女	J13002	1997-06-0...	18395837...	汉族
J1300203	马振翔	男	J13002	1996-03-1...	18395845...	回族
Z1300101	林欣玉	女	Z13001	1998-04-2...	13287237...	汉族
Z1300102	王蕃其	男	Z13001	1997-10-0...	13287292...	汉族
Z1300103	庆格尔泰	男	Z13001	1996-01-1...	13287273...	蒙古族
Z1300201	刘恒	男	Z13002	1998-02-1...	18668903...	汉族
Z1300202	黄语嫣	女	Z13002	1996-09-1...	18668939...	汉族

图 5-2 students 表数据

▶ 注意：

（1）数据的输入以行为单位，即逐行输入记录。

（2）输入的数据是字符串时，字符串长度不能超过表中定义列的字符长度。

（3）输入的数据满足表中定义的约束条件。

2．向课程表录入数据

向课程表录入数据的步骤与向学生表录入数据的步骤相同，在此略。录入后的课程表信息如图 5-3 所示。

cno	cname	period	credit	type
0101001	高等数学	128	8	必修课
0201002	C语言程序设计	96	6	必修课
0201003	SQL Server数据库应用技术	96	6	必修课
0301001	自动控制原理	64	4	必修课
0102005	影视文化欣赏	32	2	选修课

图 5-3　courses 表数据

3．向成绩表录入数据

向成绩表录入数据的步骤与向学生表录入数据的步骤相同，在此略。录入后的成绩表信息如图 5-4 所示。

sno	cno	grade
J1300101	0101001	92
J1300101	0102005	89
J1300101	0201002	93
J1300101	0201003	90
J1300101	0301001	76
J1300102	0101001	75
J1300102	0201002	80
J1300102	0201003	78
J1300103	0101001	84
J1300103	0102005	90
J1300103	0201002	86
J1300103	0201003	50
J1300104	0101001	52
J1300104	0201002	51
J1300104	0201003	69
J1300105	0101001	63
J1300105	0201002	60

图 5-4　score 表数据

5.1.3　相关知识

1．使用 SSMS 更新数据表中数据

在 SSMS 中可以对表中数据进行更新，打开"编辑数据"窗口，找到需要更新的数据，输入新数据即可。

2．使用 SSMS 删除表记录

在 SSMS 中可以删除表中记录，打开"编辑数据"窗口，单击记录行前面的选择框（即前面的方框），选择需要删除的记录（选中的记录前面有一个黑色的三角），单击鼠标右键，在弹出的快捷菜单中选择"删除"命令，在确认删除的对话框中单击"是"按钮，即可删除记录。在此方式下删除

的记录无法恢复。

任务 5.2　使用 T-SQL 操作表中的数据

视 频 讲 解

5.2.1　插入记录

1．任务描述

在实际应用中，经常需要使用 SQL 语句向表中插入记录。

将以下学生的信息录入数据库中。

（1）向数据库的学生表中添加一条新记录，学号是 Z1300203，姓名是"平一卓"，性别是"女"，班级是 Z13002，出生日期是"1997.9.12"。

（2）录入平一卓同学的相关成绩信息，因为该学生的专业课还没有考试，因此还没有成绩，添加的成绩记录如下。

课程是 0301001，学号是 Z1300203，成绩是 NULL。

2．INSERT 语句的语法格式

使用 T-SQL 语句的 INSERT 语句，可以向表中录入一条或多条记录，语法格式如下。

```
INSERT  [ INTO]   <表名｜视图名>([列的名称列表])
VALUES (值列表)
```

使用 INSERT 语句向表中插入记录时，应注意以下 5 项。

（1）列的名称列表、值列表，都使用逗号作为列名、值的分隔符。

（2）当向表中所有列输入数据时，列名表可以缺省。若缺省列名表，则 VALUES 后所给出的数据的顺序一定与表中列的顺序一致。

（3）当要输入数据的表中包含允许为空的列、设置了默认值的列时，可以不输入该列的值。不要给标识列赋值。

（4）当数据为字符型、日期型时，数据要用单引号引起来。

（5）该 INSERT 语句一次只能向表中输入一条记录。

3．任务实施

（1）向数据库的学生表中添加一条新记录，学号是 Z1300203，姓名是"平一卓"，性别是"女"，班级是 Z13002，出生日期是"1997.9.12"。

```
INSERT students(sno, sname, gender, classid, birthday)
VALUES('Z1300203', '平一卓', '女', 'Z13002', '1997.9.12')
```

（2）添加平一卓同学的专业课成绩记录：课程是 0301001，学号是 Z1300203。

分析：添加的信息中没有成绩信息，不是把所有的信息都录入到表中，

并且添加的信息中列的顺序与表中列的顺序也不相同，因此必须在表名后指定列名称。

```
INSERT INTO score(cno,sno)
VALUES('0301001', 'Z1300203')
```

▶ **注意：** 在上例中必须要先录入学生的信息，再录入成绩信息，因为在学生成绩管理数据库中，学号字段在成绩表中是外键，而在学生表中为主键，在录入数据时必须先录入主键值所在的表中数据，再录入外键值所在的表中数据。

5.2.2 使用 UPDATE 语句修改表中的数据

1．任务描述

（1）平一卓同学从 Z13002 班转到 Z13001 班了，请修改这名同学的班级信息。

（2）把学号 Z1300202 的学生的 0102005 这门课的成绩，修改为在原成绩上加 10 分。

（3）统一将课程号是 0201002 的成绩低于 70 分的同学的成绩提高 5 分。

2．相关知识

1）SQL Server 的运算符

运算符是一些符号，它们能够用于执行算术运算、字符串连接、数据比较等，常用的运算符如表 5-4 所示。

表 5-4　SQL Server 运算符

类　别	运　算　符	作　用
算术运算符	+、-、*、/、%	加法、减法、乘法、除法、求余运算
比较运算符	>、>=、<、<=、=、<>	大于、大于等于、小于、小于等于、等于、不等于，用于比较两个数值或表达式，结果为真（TRUE）或假（FALSE）
逻辑运算符	AND、OR、NOT	逻辑与、或、非，用于把多个条件表达式连接起来
	ALL	如果一组的比较关系的值都为 TRUE，则返回 TRUE
	ANY	如果一组的比较关系的值中任何一个为 TRUE，则返回 TRUE
	BETWEEN	如果操作数在某个范围之内，则返回 TRUE
	IN	如果操作数等于表达式列表中的一个，则返回 TRUE
	LIKE	如果操作数与一种模式相匹配，则返回 TRUE
字符串连接运算符	+	将两个或两个以上字符串合并成一个字符串

2）SQL Server 的表达式

表达式由常量、变量、字段和运算符等组合而成。如果表达式中有多个运算符，其运算的优先级如图 5-5 所示。

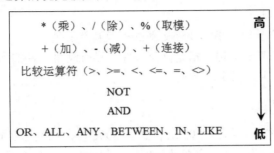

图 5-5　运算符优先级

3）条件表达式

常用的条件表达式有以下 6 种。

（1）比较大小——应用比较运算符构成表达式。例如，年龄（age）大于等于 15 岁可以表示为 age>=15。姓名（name）为"张平"可以表示为"name= '张平'"。出生日期（birthday）在 1980 年 1 月 1 号以后可以表示为"birthday>'1980-1-1'"。

（2）指定范围（NOT）BETWEEN...AND...——运算符查找字段值在或者不在指定范围内的记录。BETWEEN 后面指定范围的最小值，AND 后面指定范围的最大值。例如，成绩（grade）介于 0 到 100 之间，表示为"grade between 0 and 100"。

（3）集合（NOT）IN——查询字段值属于或不属于指定集合内的记录。例如，性别（gender）为男或女，表示为"gender in ('男', '女')"。

（4）字符匹配（NOT）LIKE——查找字段值（不）满足匹配字符串中指定的匹配条件的记录。匹配字符串可以是一个完整的字符串，也可以包含通配符"_"和"%"，"_"表示任意单个字符，"%"表示任意长度的字符串。例如，姓"李"的学生表示为"sname like '李%'"。

（5）空值 IS（NOT）NULL——查找字段值（不）为空的记录。例如，电话（phone）为空值，表示为"phone IS NULL"。

（6）多重条件 AND 和 OR。AND 表达式用来查询字段值满足 AND 相连接的查询条件的记录。OR 表达式用来查询字段值满足 OR 连接的查询条件中的任意一个的记录。AND 运算符的优先级高于 OR 运算符。例如，性别（gender）为男或女，表示为"gender ='男' OR gender= '女'"。

J16001 班的男生，表示为"classid = 'J16001' and gender='男'"。

4）更新语句 UPDATE 的语法

UPDATE 语句可以更新表或视图的一行的某个列或多个列，也可以更新多行的某个列或多个列，甚至是一张表的所有行和所有列，其语法如下。

```
UPDATE 表名
SET 列名=表达式 | NULL | DEFAULT [,...n]
[ WHERE  条件]
```

其中解释如下。

（1）SET 子句：指定要被更新的列及其新的值。

（2）WHERE 子句：指定修改条件，只有满足条件的那些行的列值才被修改为 SET 子句指定的数据。

3. 任务实施

（1）将平一卓从 Z13002 班转到 Z13001 班，修改这名同学的班级号。

分析：根据学生的姓名更改班级号，因此学生的姓名是更新的条件。

```
UPDATE students
SET class id='Z13001'
WHERE sname='平一卓'
```

（2）学号 Z1300202 的学生的 0102005 这门课的成绩修改为在原成绩上加 10 分。

分析：根据学号和课程号更改成绩，需要在条件设置时用 AND 逻辑运算符。

```
UPDATE score
SET grade =grade+10
WHERE sno='Z1300202' AND cno='0102005'
```

（3）将成绩表中课程号是 0201002 的成绩低于 70 分的同学的成绩提高 5 分。

分析：有课程号和成绩两个条件，则需在条件设置时用到 AND 逻辑运算符，成绩低于 70 分要用到比较运算符 "<"。

```
UPDATE score
SET grade=grade+5
WHERE cno='0201002' AND grade<70
```

5.2.3 使用 DELETE 语句删除表中的数据

1. 任务描述

学号是 Z1300203 的平一卓同学要退学，因此要将与平一卓同学相关的信息删除。

2. 相关知识

（1）DELETE 语句可删除表或视图的一条或多条记录，其语法如下。

```
DELETE [FROM]   表名 | 视图名
WHERE  条件
```

【例 5-1】删除 students 表中所有的记录。

```
DELETE FROM students
```

【例 5-2】删除 score 表中成绩为空的记录。

```
DELETE FROM score
WHERE grade IS NULL
```

（2）使用 TRUNCATE TABLE 清空记录。

TRUNCATE TABLE 在功能上与不带 WHERE 子句的 DELETE 语句相同，二者均可以删除表中的全部行。但 TRUNCATE TABLE 比 DELETE 速度快，且使用的系统和事务日志资源少。这种快速删除与 DELETE 语句删除全部数据表记录的执行方式不同，DELETE 命令删除的数据存储在系统回滚段中，在需要的时候，数据可以恢复，而 TRUNCATE 命令删除的数据是不可以恢复的。

【例 5-3】清空 teachers 表中所有的记录。

```
TRUNCATE TABLE teachers
```

3．任务实施

删除平一卓同学相关的信息，已知该同学的学号是 Z1300203。

分析：由于学生表与成绩表有相关联的外键关系，因此在删除信息时必须先删除外键表所在的信息，即成绩表中的信息，再删除主键表所在的信息，即学生信息表中平一卓的信息。

```
DELETE FROM score
WHERE sno='Z1300203'
DELETE students
WHERE sno='Z1300203'
```

▲ 任务 5.3   实训

5.3.1   训练目的

（1）学会使用 SSMS 编辑表中数据。
（2）学会使用 INSERT 语句向表中插入数据。
（3）学会使用 UPDATE 语句修改表中数据。
（4）学会使用 DELETE 语句删除表中数据。

5.3.2　训练内容

（1）使用 SSMS 向数据库 SchoolLibrary 中的读者信息表中录入数据，如表 5-5 所示。

表 5-5　读者信息表 readers

readerid	readername	gender	depart	type
J1300101	王一诺	男	计算机系	学生
J1300102	孙俊明	男	计算机系	学生
Z1300101	林欣玉	男	自动化系	学生
Z1300102	王善其	男	自动化系	学生

（2）使用 INSERT 语句向数据库 SchoolLibrary 中的图书信息表中插入数据，如表 5-6 所示。

表 5-6　图书信息表 books

bookid	bookname	ISBN	type	author	press	price	state
2386-01937	杜拉位升职记	978-7-0587-963	文学	张少华	湖南文艺出版社	28.7	在架
9039-36591	李开复自传	978-7-2459-781	励志	李开复	作家出版社	32.6	借出
5037-57898	JAVA 程序设计	978-7-3226-015	计算机	陈莉	电子工业出版社	27.2	借出
5012-92756	C 语言程序设计	978-7-3587-291	计算机	赵亮	清华大学出版社	35.7	在架
2853-68742	自然之迷	978-7-4578-325	教育	王博	江苏人民出版社	18.9	借出

（3）使用 INSERT 语句向数据库 SchoolLibrary 中的借阅记录信息表中插入数据，如表 5-7 所示。

表 5-7　借阅记录信息表 records

recordid	readerid	bookid	outdate	indate	overdue	penalty
1	J1300101	2386-01937	2015.9.16	2015.10.16	否	
2	J1300101	9039-36591	2015.11.16	2015.12.16	否	
3	Z1300102	2853-68742	2015.10.12	2015.11.12	否	
4	D1300101	2853-68742	2015.9.15	2015.10.15	是	1.20
5	00301	5012-92756	2015.9.8	2015.12.8	否	
6	00301	9039-36591	2015.7.8	2015.10.8	否	

（4）使用 UPDATE 语句将读者信息表中所属部门为"自动化系"修改为"自动化工程系"。

（5）将图书信息表中书名"自然之迷"的定价修改为 28.9。

（6）将借阅记录信息表中"罚金"清零并将"是否逾期"改为否。

（7）删除借阅记录信息表中 recordid 为 2 的记录。

课后习题

一、选择题

1. 如果 WHERE 子句中出现 score Between 80 and 100，该表达式等价于（　　）。

    A. score>=80 and score<=100　　　　B. score>=80 or score<=100

    C. score>80 and score<100　　　　　　D. score>80 or score<100

2. 模糊查找 like '%a_'，下面（　　）选项是可能的。

    A. abcd　　　　　　B. cai　　　　　C. bca　　　　　D. tea

3. 若要更新学生表中"财经"或"软件"专业的学生，则 WHERE 条件应为（　　）。

    A. BETWEEN '财经'AND '软件'　　　　B. 专业=财经 OR 专业=软件

    C. 专业=财经　AND 专业=软件　　　D. 专业 IN ('财经', '软件')

4. WHERE 子句的条件表达式中，可以匹配 0 个到多个字符的通配符是（　　）。

    A. *　　　　　　　　B. %　　　　　　C. -　　　　　　　D. ?

5. 不是 SQL Server 数据库文件的后缀是（　　）。

    A. .mdf　　　　　　B. .ldf　　　　　C. .ndf　　　　　D. .tif

6. 数据定义语言的缩写词为（　　）。

    A. DDL　　　　　　B. DCL　　　　　C. DML　　　　　D. DBL

7. 在 SQL Server 中，用来显示数据库信息的系统存储过程是（　　）。

    A. sp_dbhelp　　　　　　　　　　　B. sp_db

    C. sp_help　　　　　　　　　　　　D. sp_helpdb

8. 以下 SQL 语句，哪个不能出现 WHERE 子句（　　）。

    A. INSERT　　　　　　　　　　　　B. UPDATE

    C. DELETE　　　　　　　　　　　　D. ALTER

9. SQL 语句中，删除表中数据的命令是（　　）。

    A. DELETE　　　　　　　　　　　　B. DROP

    C. CLEAR　　　　　　　　　　　　D. REMOVE

10. SQL Server 中更新表中数据的命令是（　　）。

    A. USE　　　　　　　　　　　　　　B. SELECT

    C. UPDATE　　　　　　　　　　　　D. DROP

二、编写代码

根据第 4 章创建的员工管理数据库，对该数据库中的表完成如下操作。

1. 将部门信息（见表 5-8）添加到 dept 表中，写出相应的 SQL 语句。

表 5-8 部门信息表 dept

deptno	dname
10	人力资源部
20	研发部
30	销售部
40	财务部

2. 将员工信息（见表 5-9）添加到 emp 表中，写出相应的 SQL 语句。

表 5-9 员工信息表 emp

empno	ename	job	sal	hiredate	deptno	tel
1001	李林	销售员	2000	2015.10.16	30	18853187001
1002	王芳	主管	3600	2012.12.16	20	18853187002
1003	李洁	总经理	9000	2010.1.1		18853187003
1004	王凯	办事员	5500	2016.2.15	10	18853187004
1005	赵盛	办事员	3000	2012.1.8	40	18853187005
1006	钱淑云	销售员	4500	2015.10.8	30	18853187006

3. 将工资级别信息（见表 5-10）添加到 salgrade 表中，写出相应的 SQL 语句。

表 5-10 工资级别信息表 salgrade

grade	losal	hisal
1	1500	2500
2	2501	4000
3	4001	8000
4	8001	50000

4. 修改员工号为 1006 的工资为 5000。

5. 将办事员和销售员的工资提高 100 元。

6. 删除工号为 1001 的员工信息。

第 6 章

数据查询

数据保存到表中，在应用中对表最常用的操作就是查询，查询是 SQL 的核心内容。

知识目标

- ❑ 掌握 SELECT 语句的基本格式。
- ❑ 掌握聚合函数的使用。
- ❑ 掌握分组子句 GROUP BY 的使用。
- ❑ 掌握连接相关的关系运算。

能力目标

- ❑ 学会使用 SELECT 语句进行数据查询。
- ❑ 能够使用连接完成多表查询。
- ❑ 能够实现统计数据的查询。

▲ 任务 6.1 简单查询

视频讲解

6.1.1 任务描述

通过前面的学习，小崔已经掌握了将数据保存到表中的方法，也学会了根据需要更新表中的数据，但是在日常工作中，用到最多的是把需要的数据从表中找出来。这就是本节要完成的任务，即通过 SELECT 语句完成对各种信息的查询。

利用学生表完成下列查询。

（1）查询所有学生的学号、姓名、出生日期。

（2）查询前 5 名学生的信息（包含学号，姓名，出生日期）。

（3）查询所有的班级编号。

（4）查询 J13001 班的学生信息（包含学号，姓名）。

（5）查询 J13001 班男生的学生信息（包含学号，姓名）。

（6）查询出生日期介于 1996-1-1 和 1997-12-31 之间的学生信息（包含学号，姓名和出生日期） 。

（7）查询 J13001、J13002 和 Z13001 班的学生信息（包含学号，姓名，性别和班级编号）。

（8）查询未填写电话（即为空）的学生信息（包含学号，姓名和班级编号）。

（9）检索所有姓张学生的信息（包含学号，姓名，性别）。

（10）查询姓名的第 2 个字为项、想、翔的学生信息（包含学号，姓名，性别）。

（11）查询 J13001 班男生的学号和姓名，并按出生日期升序排序。

（12）查询所有学生的学号和姓名。查询结果按所在班级升序排列，同一班级中按出生日期降序排列。

（13）查询 J13001 班年龄最小的前 3 名学生信息（包含学号，姓名，性别）。

要想完成上述任务，需学习查询的相关知识。下面在讲解查询相关知识的过程中，完成对学生表的查询任务。

6.1.2　SELECT 语句的基本格式

查询是在现有的数据表中，找到符合条件的记录行，将其提取出来，然后组成一个类似于表的结构体，返回给用户，这便是查询结果，通常称为"记录集"。记录集是一张虚拟的表，还可以使用 SQL 语句在记录集的基础上继续查询。

1．SELECT 语句的语法格式

查询使用 SELECT 语句。虽然 SELECT 语句的完整语法较复杂，但其主要子句可归纳如下。

```
SELECT 列名或表达式
[ INTO 新表名 ]
FROM 表名
[ WHERE 查询条件]
[ GROUP BY 分组表达式]
[ HAVING 分组条件]
[ ORDER BY 列名或者表达式 [ ASC | DESC ] ]
```

2．说明

- ❑ INTO 子句：创建新表并将结果集插入新表中。
- ❑ FROM 子句：指定查询语句中所使用的表或视图。
- ❑ WHERE 子句：设定检索条件（或查询条件）。WHERE 子句是一个筛选，它定义了源表中的行要满足 SELECT 语句的要求所必须达到的条件。只有符合条件的行才向结果集提供数据。不符合条件的行，其中的数据将不被采用。
- ❑ GROUP BY 子句：表示分组子句。
- ❑ HAVING 子句：和 GROUP BY 一起使用，表示过滤组。
- ❑ ORDER BY 子句：为查询结果排序。

3．查询的过程

先利用 FROM 子句确定查询所需的表，根据 WHERE 子句所设定的检索条件，找到满足条件的行集合，再从这些行中挑选出选择列表所指定的列，构成一个新的结果集，作为查询语句的结果返回。

具体使用方法在后面会一一介绍。本节先介绍最基本的 SQL 查询语句。

6.1.3 相关知识与任务实施

1．简单的 SQL 查询语句

最简单的查询语句由 SELECT 和 FROM 子句构成，语法如下。

```
SELECT   * | 列名 1, 列名 2,  …
FROM 表名
```

说明如下。

（1）* 指表中所有列。

（2）可以完成从表中查询所有行中指定列或所有列的信息。

实现任务（1）：查询所有学生的学号、姓名、出生日期。

```
SELECT sno, sname, birthday
FROM students
```

查询结果如图 6-1 所示。

若是查询所有学生的全部信息，则代码写法如下。

```
SELECT * FROM students
```

2．改变列标题的显示

若希望查询结果的列标题为中文，也就是需要改变列标题的显示，该如何实现呢？

改变列标题的显示（也可以称之为给列起别名）有 3 种格式。

（1）使用空格。格式如下。

```
SELECT 列名    列标题[, …n]
```

（2）使用 "="。格式如下。

```
SELECT    列标题=列名[, …n]
```

（3）使用 AS 关键字。格式如下。

```
SELECT 列名 AS    列标题[,…n]
```

重新实现任务（1）：查询所有学生的学号、姓名、出生日期。
对应的代码如下（3 种格式不妨都使用一下）。

```
SELECT sno 学号, 姓名=sname, birthday as 出生日期
FROM    students
```

查询结果如图 6-2 所示。

	sno	sname	birthday
1	J1300101	王一诺	1997-08-15
2	J1300102	孙俊明	1996-12-04
3	J1300103	赵子萱	1998-03-05
4	J1300104	殷志浩	1997-05-23
5	J1300105	张小梦	1997-02-07
6	J1300201	李俊恩	1996-11-20
7	J1300202	武琳洋	1997-06-05
8	J1300203	马振翔	1996-03-15
9	Z1300101	林欣玉	1998-04-21
10	Z1300102	王善其	1997-10-03
11	Z1300103	庆格尔泰	1996-01-19
12	Z1300201	刘恒	1998-02-13
13	Z1300202	黄语嫣	1996-09-12

	学号	姓名	出生日期
1	J1300101	王一诺	1997-08-15
2	J1300102	孙俊明	1996-12-04
3	J1300103	赵子萱	1998-03-05
4	J1300104	殷志浩	1997-05-23
5	J1300105	张小梦	1997-02-07
6	J1300201	李俊恩	1996-11-20
7	J1300202	武琳洋	1997-06-05
8	J1300203	马振翔	1996-03-15
9	Z1300101	林欣玉	1998-04-21
10	Z1300102	王善其	1997-10-03
11	Z1300103	庆格尔泰	1996-01-19
12	Z1300201	刘恒	1998-02-13
13	Z1300202	黄语嫣	1996-09-12

图 6-1 查询结果（1）   图 6-2 查询结果（2）

当然，使用上述 3 种格式中的任意一种都可以。

3．TOP 关键字

若只是想看学生表中前几条记录呢？SELECT 关键字和选择列表之间
有两个可选的关键字，即 TOP 和 DISTINCT。下面介绍 TOP 关键字的用法。
TOP 关键字语法格式如下。

```
SELECT [TOP   n | TOP n PERCENT] 选择列表
FROM    表名
```

n 代表一个整数。
TOP 作用：返回结果集的前 n 行或 n%行。
实现任务（2）：查询前 5 名学生的信息（包含学号，姓名，出生日期），

代码如下。

```
SELECT TOP 5 sno  学号, 姓名=sname, birthday as  出生日期
FROM   students
```

查询结果如图 6-3 所示。

4．DISTINCT 关键字

DISTINCT 的作用为消除结果集中的重复行。语法格式如下。

```
SELECT DISTINCT  选择列表
FROM 表名
```

实现任务（3）：查询所有的班级编号。同一班级只显示一次。
分析：因为一个班级有若干名学生，所以若直接写

```
SELECT classid
FROM students
```

同一个班级会被查询出多次。若要消除结果集中的重复行，要使用 DISTINCT 关键字。最终的代码如下。

```
SELECT DISTINCT classid
FROM students
```

查询结果如图 6-4 所示。

	学号	姓名	出生日期
1	J1300101	王一诺	1997-08-15
2	J1300102	孙俊明	1996-12-04
3	J1300103	赵子萱	1998-03-05
4	J1300104	殷志浩	1997-05-23
5	J1300105	张小梦	1997-02-07

图 6-3　查询结果（3）

	classid
1	J13001
2	J13002
3	Z13001
4	Z13002

图 6-4　查询结果（4）

5．使用 WHERE 子句设置检索条件

查询条件涉及各种运算符和表达式的使用。表 6-1 列出了常用的运算符。

表 6-1　常用运算符

运算符类别	运算符	运算符含义
比较运算符	=	等于
	>	大于
	<	小于
	>=	大于等于
	<=	小于等于
	<>	不等于
	!=	不等于（非 SQL-92 标准）

续表

运算符类别	运 算 符	运算符含义
逻辑运算符	AND	如果两个布尔表达式都为 TRUE，那么就为 TRUE
	OR	如果两个布尔表达式中的一个为 TRUE，那么就为 TRUE
	NOT	取反
	BETWEEN AND	如果操作数在某个范围之内，那么就为 TRUE
	IN	如果操作数等于表达式列表中的一个，那么就为 TRUE
	LIKE	如果操作数与一种模式相匹配，那么就为 TRUE

要想实现任务（3）～（10），就要正确使用运算符和表达式。

1）基于比较条件的 WHERE 子句

实现任务（4）：查询 J13001 班的学生信息（包含学号，姓名）。

对应的代码如下。

```
SELECT sno, sname
FROM students
Where classid='J13001'
```

实现任务（5）：查询 J13001 班男生的学生信息（包含学号，姓名）。

对应的代码如下。

```
SELECT sno,sname
FROM students
WHERE classid='J13001' AND gender='男'
```

2）基于 BETWEEN 关键字的 WHERE 子句

语法如下。

```
表达式 [ NOT ] BETWEEN 起始值 AND 终止值
```

实现任务（6）：查询出生日期介于 1996-1-1 和 1997-12-31 之间的学生信息（包含学号，姓名和出生日期）。

对应的代码如下。

```
SELECT sno, sname, birthday
FROM students
WHERE birthday BETWEEN '1996-1-1' AND '1997-12-31'
```

等价的代码如下。

```
SELECT sno,sname,birthday
FROM students
WHERE birthday >= '1996-1-1' AND birthday<= '1997-12-31'
```

3）基于 IN 关键字的 WHERE 子句

IN 用来确定指定的值是否与子查询或列表中的值相匹配。

语法如下。

> 表达式　[NOT] IN(值 1, 值 2, …)

说明：如果表达式的值与 IN 中列出的某个值相等，则结果值为 TRUE；否则为 FALSE。

实现任务（7）：查询 J13001、J13002 和 Z13001 班的学生信息（包含学号，姓名，性别和班级）。

```
SELECT sno, sname, gender, classid
FROM students
WHERE classid IN ('J13001', 'J13002', 'Z13001')
```

若用 OR 运算符，等价的代码如下。

```
SELECT sno, sname, gender, classid
FROM students
WHERE classid='J13001' OR classid='J13002' OR classid='Z13001'
```

4）空值判断

如果用来判断是不是空值，应该使用"IS NULL"，不能使用"=NULL"。

实现任务（8）：查询未填写电话（即为空）的学生信息（包含学号，姓名和班级编号）。

对应的代码如下。

```
SELECT sno, sname, classid
FROM students
WHERE phone IS NULL
```

5）基于 LIKE 关键字的 WHERE 子句

以上查询都是精确查询，即对查询字段的值有着准确完整的描述。任务（9）检索所有姓张的同学的信息（包含学号，姓名，性别）和任务（10）查询姓名的第 2 个字为项、想、翔的学生信息（包含学号，姓名，性别）都是根据学生姓名查询，但是只提供了学生姓名的部分信息。这种只知道查询内容的部分信息但不知道其准确形式的查询就叫模糊查询。模糊查询需要使用 LIKE 运算符和通配符。通配符可以替代多个字符。表 6-2 列出了 SQL 语言提供的通配符。

表 6-2　SQL 语言提供的通配符

通　配　符	含　　义
%	零个或任意多个字符
_	任意一个字符
[]	方括号中列出的任意一个字符
[^]	任意一个没有出现在方括号中列出的字符

带通配符的字符串就叫模式。

例如，给出模式"f%"，判断下列字符串是否匹配。

❑ After：不匹配。

❑ f：匹配。

❑ fl：匹配。

❑ flag：匹配。

对于模式"令_冲"，判断下列字符串是否匹配。

❑ 令狐冲：匹配。

❑ 令你快冲：不匹配。

对于模式 J1300[1,2,7,9]，判断下列字符串是否匹配。

❑ J1300：不匹配。

❑ J13007：匹配。

❑ J130012：不匹配。

实现任务（9）：检索所有姓张学生的信息（包含学号，姓名，性别）。对应的代码如下。

```
SELECT sno,sname,gender
FROM students
WHERE sname LIKE '张%'
```

实现任务（10）：查询姓名的第 2 个字为项、想、翔的学生信息。

```
SELECT *
FROM students
WHERE sname LIKE '_[项,想,翔]%'
```

6. 使用 ORDER BY 子句对结果集排序

使用 ORDER BY 子句可以将查询结果按照指定的一个或多个列，进行升序或降序排序。语法如下。

```
SELECT   查询列表
FROM  表名
ORDER BY  列名 | 表达式[ASC |DESC] [, ...n]
```

说明如下。

（1）在默认情况下是按升序排列，ASC 可以省略。在降序排列的情况下，DESC 关键字必须写。

（2）被排序列可以是选择列表中的列，也可以不出现在选择列表中；但如果使用了 DISTINCT 关键字，ORDER BY 子句中的列必须出现在选择列表中。

（3）可以根据多列进行排序，排列的优先级按照在 ORDER BY 后面出现的先后。

实现任务（11）：查询 J13001 班男生的学号和姓名，并按出生日期升序排序。

对应的代码如下。

```
SELECT sno, sname
FROM students
WHERE classid='J13001' and gender='男'
ORDER BY birthday
```

实现任务（12）：查询所有学生的学号和姓名。查询结果按所在班级升序排列，同一班级中按出生日期降序排列。

对应的代码如下。

```
SELECT sno,sname
FROM students
ORDER BY classid, birthday DESC
```

实现任务（13）：查询 J13001 班年龄最小的前 3 名学生信息（包含学号，姓名，性别）。

分析：先使用 WHERE 子句查询出 J13001 班的学生记录，再使用 ORDER BY 子句对结果集按照出生日期降序排序，最后使用 TOP 3 选出前 3 条记录，即年龄最小的前 3 个。

对应的代码如下。

```
SELECT TOP 3 sno, sname, gender
FROM students
WHERE classid='J13001'
ORDER BY birthday desc
```

任务 6.2 汇总查询

视频讲解

在对数据库进行查询时，经常需要查询汇总信息，例如统计某门课不及格的人数，或者统计课程的平均分等，这就要用到汇总查询。

6.2.1 任务描述

完成下列查询。

（1）统计课程号为 0101001 的总分、平均分、最高分、最低分以及选修和参加考试（分数不为空）的人数。

（2）统计 J13001 班的学生人数。

（3）统计每门功课的平均分。

（4）从 students 表中统计各个班的学生人数。

（5）查询平均分不及格的课程信息（包含课程号和平均分）。

（6）查找学生人数超过 50 的班级编号。

（7）查询至少选修了 3 门课程的学生的学号。

（8）查询至少有 3 门课不及格的学生的学号。

若要完成上述查询，需要学习查询中聚合和分组的相关知识。

6.2.2 相关知识与任务实施

1．聚合函数

在 SQL 中，有 5 个聚合函数用于汇总等查询。表 6-3 列出了聚合函数的名称和功能。

表 6-3 聚合函数

函　数	功　能
Sum(expression)	对数字表达式中的所有值求和，仅能在数值型列中使用
Avg(expression)	对数字表达式中的所有值求平均值，仅能在数值型列中使用
Min(expression)	求表达式中的最小值，不可以在 bit 数据类型中使用
Max(expression)	求表达式中的最大值，不可以在 bit 数据类型中使用
Count(*)	计算所选定行的行数
Count(expression)	计算表达式中值的个数

聚合函数可以与 SELECT 语句一同使用，一般出现在选择列表中或与 GROUP BY 子句结合使用。

当聚合函数执行时，SQL Server 对整张表或表中列组进行汇总、计算，然后针对指定列的每一个行集返回单个的汇总集。

除 count(*)外，其余的聚合函数均忽略空值。

2．简单汇总查询

对满足一定条件的记录进行汇总，不进行分组。

实现任务（1）：统计课程号为 0101001 的总分、平均分、最高分、最低分以及选修人数。

分析：先从成绩表中筛选出课程号为 0101001 的记录，使用聚合函数对这些记录的成绩一列进行相应的汇总计算，对应的代码如下。

```
SELECT Sum(grade), Avg(grade), Max(grade), Min(grade), Count(grade)
FROM score
WHERE cno='0101001'
```

实现任务（2）：统计 J13001 班的学生人数，对应的代码如下。

```
SELECT count(*)
FROM students
WHERE classid='J13001'
```

使用聚合函数时，有几个地方需要注意一下，下面进行举例说明。

【例 6-1】查询最高分的学号。

常出现的第一种错误写法如下。

```
SELECT sno, Max(grade)
FROM score
```

错误原因说明：由于聚合函数只返回单一值，如果选择列表中使用了聚合函数，则该选择列表只能包含聚合函数、由 GROUP BY 子句分组的列以及为结果集中每一行返回同一值的表达式。

常出现的第二种错误写法如下。

```
SELECT sno
FROM score
WHERE grade=Max(grade)
```

错误原因说明：语句思路已经很清晰了，但是在 WHERE 子句中不能直接使用聚合函数。

3．使用 GROUP BY 子句分组

如果需要每个班的学生人数、每门功课的平均分等这样的统计数据，就需要对记录进行分组。同一组记录进行汇总统计，这类查询需要使用分组子句 GROUP BY，语法如下。

```
SELECT  查询列表
FROM  表名
WHERE  记录查询条件
GROUP BY  分组字段
HAVING  组筛选条件
```

说明：

（1）GROUP BY 子句将查询结果按分组表达式进行分组，值相等的记录为一组。

（2）结果集中每组（至多）产生一行记录。

（3）查询列表中的项只能来自于 GROUP BY 中的分组字段或聚合函数。

（4）HAVING 为结果集中的组设置条件，只有满足条件的组才能输出。

实现任务（3）：统计每门功课的平均分。

分析：在成绩表中，将记录按照课程号分组，对应的代码如下。

```
SELECT cno, Avg(grade)
FROM score
GROUP BY cno
```

实现任务（4）：从 students 表中统计各个班的学生人数，对应的代码如下。

```
SELECT classid, Count(*)
FROM students
GROUP BY classid
```

实现任务（5）：查询平均分不及格的课程信息（包含课程号和平均分）。

分析：和查询任务（3）统计每门功课的平均分类似，只不过不是所有的组都输出，只输出平均分不及格的组。所以还需要使用 HAVING 子句过滤组，对应的代码如下。

```
SELECT cno, Avg(grade)
FROM score
GROUP BY cno
HAVING avg(grade)<60
```

说明：在 HAVING 子句中可以直接使用聚合函数。

实现任务（6）：查找学生人数超过 50 的班级编号，对应的代码如下。

```
SELECT classid, Count(*)
FROM students
GROUP BY classid
HAVING Count(*)>50
```

实现任务（7）：查询至少选修了 3 门课程的学生学号。

分析：在成绩表中，按照学号分组，每组的记录个数就是该组对应的学生选修的课程门数，对应的代码如下。

```
SELECT sno, count(*)
FROM score
GROUP BY sno
HAVING Count(*)>3
```

实现任务（8）：查询至少有 3 门课不及格的学生的学号。

分析：先利用 WHERE 子句筛选出不及格的记录，再对这些不及格的记录按照学号分组，利用 HAVING 子句过滤出组内记录个数大于等于 3 的组，对应的代码如下。

```
SELECT sno, count(*)
FROM score
WHERE grade<60
GROUP BY sno
HAVING Count(*)>=3
```

下面小结一下 WHERE 子句和 HAVING 子句的异同。

相同点为设置条件。

不同点如下。

（1）作用对象不同。WHERE 子句作用于表和视图中的行，而 HAVING

子句作用于形成的组。WHERE 子句限制查找的行，HAVING 子句限制查找的组。

（2）执行顺序不同。若查询语句中同时有 WHERE 子句和 HAVING 子句，执行时，先去掉不满足 WHERE 条件的行，然后分组，分组后再去掉不满足 HAVING 条件的组。

（3）WHERE 子句中不能直接有聚合函数，但 HAVING 子句的条件中可以包含聚合函数。

任务 6.3　连接查询

视 频 讲 解

在实际的查询中，用户所需要的数据并不全都在一张表中，而可能在多张表中。例如，如果想查询每名学生的成绩详情，包括学号、姓名、班级、课程号、课程名称、成绩，这些信息分别保存在学生表、成绩表和课程表 3 张表中，这时就要用到多表连接查询。多表连接查询是通过各张表之间的共同列的相关性来查询数据的。多表连接查询首先要在这些表中建立连接，再在连接生成的结果集中进行筛选。

6.3.1　相关知识

在介绍连接查询之前，先介绍连接查询所基于的关系代数运算。

1. 关系代数运算

关系代数是一种抽象的查询语言，它用对关系的运算来表达查询，它是关系数据库标准语言 SQL 查询操作的理论基础，是研究关系数据语言的数学工具。

关系代数的运算对象是关系，运算结果亦为关系。这里仅介绍几种和连接查询相关的关系代数运算。

1）笛卡儿乘积运算

假设有关系 R、S，其中关系 R 有 r 个属性分量、m 个元组，关系 S 有 s 个属性分量、n 个元组，则二者的笛卡儿乘积（Cartesian Product）运算定义如下。

$$R \times S = \{t \mid t = <t^r, t^s> \wedge t^r \in R \wedge t^s \in S\} \qquad (6\text{-}1)$$

式中，×为乘积运算符；$<t^r, t^s>$ 表示新的关系是（$r+s$）元的关系，其中每个元组变量的前 r 个分量为关系 R 的一个元组，后 s 个分量为关系 S 的一个元组。用 R 的第 i 个元组与 S 的全部元组结合成 n 个元组，当 i 从 1 变到 m 时，就得到了新的关系的全部，即 $m \times n$ 个元组。通俗地讲，就是关系 R 的每一个元组都和 S 的任意一个元组组合。

【例 6-2】关系 R 和 S 如表 6-4 和表 6-5 所示，求 R×S。

表 6-4   关系 R

cno	cname
1	C
2	SQL Server

表 6-5   关系 S

sno	cno	grade
J01	1	90
J02	1	80
J01	2	70

R 和 S 的笛卡儿乘积如表 6-6 所示。

表 6-6   R×S

R.cno	R.cname	S.sno	S.cno	S.grade
1	C	J01	1	90
1	C	J02	1	80
1	C	J01	2	70
2	SQL server	J01	1	90
2	SQL server	J02	1	80
2	SQL server	J01	2	70

2）连接运算

从笛卡儿乘积中选取属性间满足比较条件的记录，条件称为连接条件。

【例 6-3】关系 R 和 S 如表 6-4 和表 6-5 所示，求 R ⋈ S（连接条件为 R.sno = S.sno，⋈ 为连接运算符），结果如表 6-7 所示。

表 6-7   R ⋈ S

R.cno	R.cname	S.sno	S.cno	S.grade
1	C	J01	1	90
1	C	J02	1	80
2	SQL server	J01	2	70

连接运算对应的查询就是连接查询。

2. 连接查询的分类

连接可以分为内连接、外连接和交叉连接，其中外连接又分为左连接、右连接和全连接，语法基本格式如下。

```
SELECT 选择列表
FROM 表 1 连接类型 表 2 ON 连接条件
```

其中连接类型主要有以下 4 种。

INNER JOIN 或 JOIN：内连接。

LEFT JOIN 或 LEFT OUTER JOIN：左外连接。

RIGHT JOIN 或 RIGHT OUTER JOIN：右外连接。

FULL JOIN 或 FULL OUTER JOIN：全外连接。

假设两张表分别为 A 和 B，其结构和数据如表 6-8 和表 6-9 所示。

表 6-8　A 表

aname	tel
谭浩强	12345678901
郎咸平	12345678902
崔西	12345678903

表 6-9　B 表

bno	bname	aname
111	C 语言	谭浩强
222	金融超限站	郎咸平
333	李尔王	莎士比亚

1）内连接

内连接是最常用的一种数据连接查询方式，特别是当两张表具有主外键关系时，通常会使用内连接查询。它使用比较运算符将各表中的共同的列进行匹配，最终查询出各表匹配的数据行，将两张表连接成一个新的数据集，在形成的数据集中没有不满足连接条件的数据行。

如果按照 A.aname=B.aname 进行内连接，结果如表 6-10 所示。

表 6-10　内连接

A.aname	tel	bno	bname	B.aname
谭浩强	12345678901	111	C 语言	谭浩强
郎咸平	12345678902	222	金融超限站	郎咸平

2）外连接

外连接返回的结果集除包括符合连接条件的行外，还会返回 FROM 子句中至少一张表（或视图）的所有行（只要这些行满足检索条件，而无论它们是否满足连接条件）。

返回所有行的表称为主表，另一个则被称为从表。

连接时，用主表的每一行数据去匹配从表。

（1）如果从表的数据行满足与主表该行的连接条件，则将两行数据合并，合并后的结果返回数据集中。

（2）如果从表的所有数据行都不满足与主表某行的连接条件，则主表该行的数据仍在数据集中，但在数据集中该行涉及从表列的数据用 NULL 填充。

根据连接的不同，将外连接分为以下 3 种。

- ❑ 左外连接：左表为主表，返回左表中的全部记录行以及右表中的匹配行。
- ❑ 右外连接：右表为主表，返回右表中的全部记录行以及左表中的匹配行。
- ❑ 全外连接：返回两个表中的全部记录行。

如果对表 6-6 和表 6-7 所示的两张表 A 和 B 进行外连接，连接结果分别如表 6-11～表 6-13 所示。

表 6-11　左外连接

A.aname	tel	bno	bname	B.aname
谭浩强	12345678901	111	C 语言	谭浩强
郎咸平	12345678902	222	金融超限站	郎咸平
崔西	12345678903	NULL	NULL	NULL

表 6-12　右外连接

A.aname	tel	bno	bname	B.aname
谭浩强	12345678901	111	C 语言	谭浩强
郎咸平	12345678902	222	金融超限站	郎咸平
NULL	NULL	333	李尔王	莎士比亚

表 6-13　全外连接

A.aname	tel	bno	bname	B.aname
谭浩强	12345678901	111	C 语言	谭浩强
郎咸平	12345678902	222	金融超限站	郎咸平
崔西	12345678903	NULL	NULL	NULL
NULL	NULL	333	李尔王	莎士比亚

6.3.2　内连接查询

1. 任务描述

对学生成绩进行下列查询。

（1）查询所有学生选课情况（包含学号，课程名称和成绩）。

（2）查询所有学生选课情况（包含学号，姓名，课程号，课程名称和成绩）。

（3）查询选修了"SQL Server 数据库应用技术"课程的学生学号。

（4）查询选修了"SQL Server 数据库应用技术"课程的学生学号和姓名。

（5）查询选修了"SQL Server 数据库应用技术"课程且分数在 90～100 的学生学号、姓名、成绩。

2．任务实施

内连接的语法格式如下。

```
SELECT  查询列表
FROM  表 1 [ INNER ] JOIN  表 2
ON  表 1.列名  比较运算符  表 2.列名
[WHERE  条件]
[ORDER BY  排序列]
```

说明：

（1）列名前"."表示所属关系，限定列名是哪个表中的列。

（2）INNER 可以省略，默认的连接就是内连接。

（3）最常用的连接条件是表名 1.主键=表名 2.外键。

实现任务（1）：查询所有学生选课情况（包含学号，课程名称和成绩）。

分析：选择列表中学号、课程名称和成绩这 3 列，其中成绩表中含学号和成绩这两列，学生选课对应的课程名称不在成绩表中，只有课程表中才有课程名称这一列，所以查询涉及成绩表和课程表这两张表。因为课程号能够唯一确定一门课，所以连接条件为课程表的课程号=成绩表的课程号，对应的代码如下。

```
SELECT sno, cname, grade
FROM courses INNER JOIN score ON courses.cno=score.cno
```

WHERE 子句中定义连接条件：对于内连接，也可以将连接条件定义在 WHERE 子句中，也就是说在 WHERE 子句中既可以写连接条件也可以写检索条件，语法格式如下。

```
SELECT 查询列表
FROM  表名列表
WHERE  连接条件 [and  检索条件]
```

任务（1）也可以使用上述格式实现查询，对应代码如下。

```
SELECT sno, cname, grade
FROM courses, score
WHERE courses.cno=score.cno
```

3．多表内连接查询

除两张表的内连接查询外，还可以进行多表的内连接查询，语法格式如下。

```
SELECT  查询列表
FROM (表 1 INNER JOIN  表 2 ON  表 1.列名  比较运算符  表 2.列名)
INNER JOIN  表 3 ON  表 2.列名  比较运算符  表 3.列名……
```

当然多表连接也可以将连接条件写在 WHERE 子句中，语法格式如下。

```
SELECT  查询列表
FROM  表 1, 表 2, 表 3…
WHERE  连接条件 [and    检索条件]
```

实现任务（2）：查询所有学生选课情况（包含学号、姓名、课程号、课程名称和成绩）。

分析：根据选择列表，分析需要使用学生表、课程表和成绩表这 3 张表。不妨先让学生表和成绩表进行连接运算，连接条件为学生表的学号=成绩表的学号，连接运算的结果形成一个新的关系，再让新产生的关系和课程表进行连接运算，连接条件为两个关系中的课程号相等。用两种写法实现，对应的代码如下。

方法 1：

```
SELECT students.sno, sname, score.cno, cname, grade
FROM students Join score ON students.sno=score.sno
              Join courses ON score.cno=courses.cno
```

方法 2：

```
SELECT students.sno, sname, score.cno, cname, grade
FROM students, courses, score
WHERE students.sno=score.sno AND score.cno=courses.cno
```

从上述代码可以看出这两种写法各有特点：在 FROM 子句中定义连接条件的写法，语句略显烦琐，但是有助于理解连接的过程；在 WHERE 子句中定义连接条件的写法，语句简洁。

注意，sno 列名前的表名 students、cno 列名前的表名 courses 不能省略，如果省略则会出现语法错误，如图 6-5 所示。

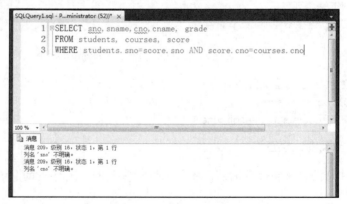

图 6-5 错误代码及提示

以上代码会报错，因为学生表和成绩表中都有列 sno、成绩表和课程表中都有列 cno，所以在多表连接中，如果多张表拥有相同的字段名，则在查询指定字段时，必须用表名加以限定。

为了使语句更加简洁清晰，可以给表定义别名。

给表定义别名有两种写法。

1）表名和别名之间使用空格： 表名 别名

2）表名和别名之间使用关键字 AS： 表名 AS 别名

需要注意的是，一旦给表定义了别名，引用时就只能使用别名。

如果使用表别名，上述代码可以写成如下格式。

```
SELECT st.sno,   sname, sc.cno, cname, grade
FROM students   st JOIN score   sc ON st.sno=sc.sno
JOIN courses   c ON sc.cno=c.cno
```

或者：

```
SELECT st.sno,   sname, sc.cno, cname, grade
FROM students   st, courses   c, score sc
WHERE st.sno=sc.sno AND sc.cno=c.cno
```

以上代码的运行结果如图 6-6 所示。

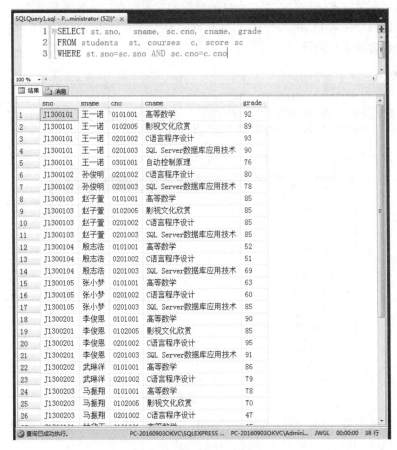

图 6-6 代码及查询结果

实现任务（3）：查询选修了"SQL Server 数据库应用技术"课程的学生学号。

分析：查询选修了某门课程的学号，需要使用成绩表，又因为根据课程名称检索，而成绩表中没有课程名称一列，只有课程表中含课程名称一列，所以查询还需要使用课程表。连接条件为成绩表的课程号=课程表的课程号。这两张表先进行连接运算，再根据检索条件课程名称="SQL Server 数据库应用技术"，从连接运算的结果中进行筛选，对应代码如下。

```sql
SELECT sno
FROM score sc, courses c
WHERE sc.cno=c.cno AND cname='SQL Server 数据库应用技术'
```

从上述代码中可以看出，在 WHERE 子句中既有连接条件（sc.cno= c.no），也有检索条件（cname=' SQL Server 数据库应用技术'）。

实现任务（4）：查询选修了"SQL Server 数据库应用技术"课程的学生学号和姓名。

分析：查询任务（4）比查询任务（3）仅是在选择列表中多了一项姓名，姓名只在学生表中，所以本次查询涉及的表为课程表、成绩表和学生表。

因为学生表和成绩表中都含有相同的 sno 这一列名，在使用这一列时，需要包含表名加以限定，代码如下。

```sql
SELECT st.sno,sname
FROM students  st, score  sc, courses  c
WHERE st.sno=sc.sno AND  sc.cno=c.cno  AND
    cname='SQL Server 数据库应用技术'
```

以上代码的运行结果如图 6-7 所示。

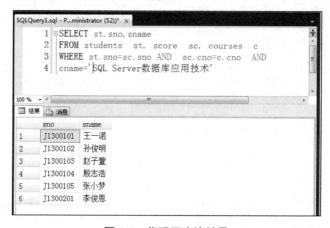

图 6-7 代码及查询结果

实现任务（5）：查找选修了"SQL Server 数据库应用技术"课程且分数在 90 到 100 之间的学生学号、姓名、成绩，对应的代码如下。

```
SELECT st.sno, sname, grade
FROM students   st, score   sc, courses   c
WHERE st.sno=sc.sno   AND sc.cno=c.cno       AND
        cname='SQL Server 数据库应用技术'   AND
        grade   BETWEEN 90 AND 100
```

以上代码的运行结果如图 6-8 所示。

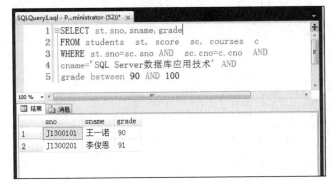

图 6-8　代码及查询结果

6.3.3　外连接查询

1. 任务描述

查询所有学生的选课情况（包括学号、姓名、班级、课程号、成绩），包括未选择任何课程的学生，并按班级和学号升序排列。

2. 外连接语法格式

```
SELECT  选择列表
FROM  表 1 { LEFT | RIGHT | FULL} [OUTER] JOIN  表 2 ON  连接条件
```

3. 任务实施

```
SELECT   st.sno, sname, classid, sc.cno, grade
FROM students st  LEFT  OUTER  JOIN   score sc   ON st.sno=sc.sno
ORDER BY classid, st.sno
```

或者：

```
SELECT   st.sno, sname, classid, sc.cno, grade
FROM score sc RIGHT JOIN students st   ON st.sno=sc.sno
ORDER BY classid, st.sno
```

查询结果如图 6-9 所示。

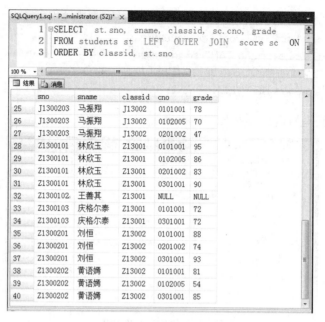

图 6-9　部分查询结果

6.3.4　自连接查询

1. 任务描述

有一张员工信息表 emps，结构如表 6-14 所示。

表 6-14　员工信息表

列　　名	数据类型（精度范围）	空/非空	约 束 条 件	说　　明
empno	char(8)	非空	主键	员工号
ename	nchar(4)	非空		姓名
leader	char(8)	空		上司

表中部分记录如表 6-15 所示。

表 6-15　员工信息表中的数据

empno	ename	leader	empno	ename	leader
1001	KING	NULL	2002	SMITH	1001
1002	ALLEN	1005	2003	TINA	1001
1003	JONES	1001	3001	STONE	1001
1004	MARTIN	1003	3002	ROSE	3001
1005	SCOTT	1001	3003	ALICE	2002
2001	CLARK	2002			

任务：查询每名员工的上司是谁，给出上司的姓名。

2．相关知识与任务实施

一张表与其自己进行连接，称为自连接。使用自连接可以将自身表的一个镜像当作另一张表来对待，从而能够得到一些特殊的数据。

自连接时必须给表起别名，以示区别。

任务分析： 因为每个员工的上司也是员工，所以上司的信息也在员工信息表中，因此需要使用自连接完成相应的查询要求。

分析： 在查询中，不妨命名为 e1，e2。因为查询的是 leader 列对应的 empno 列，所以连接条件为 e1.leader=e.empno。例如，查询员工编号为 1002、员工姓名为 ALLEN 的上司的员工编号是 1005，而员工编号 1005 对应的员工姓名是 SCOTT，对应的代码如下。

```
SELECT  e1.empno as 员工编号, e1.ename as 员工姓名, e2.ename as 上司
FROM emps e1, emps e2
WHERE e1.leader = e2.empno
```

查询结果如图 6-10 所示。

	员工编号	员工姓名	上司
1	1002	ALLEN	SCOTT
2	1003	JONES	KING
3	1004	MARTIN	JONES
4	1005	SCOTT	KING
5	2001	CLARK	SMITH
6	2002	SMITH	KING
7	2003	TINA	KING
8	3001	STONE	KING
9	3002	ROSE	STONE
10	3003	ALICE	SMITH

图 6-10　查询结果

任务 6.4　子查询

视频讲解

6.4.1　任务描述

（1）查询和王一诺（学号为 J1300101）同班、同龄的学生有哪些。

（2）查询成绩最高的学生的学号。

（3）查询成绩最高的学生的学号和姓名。

（4）查询选修了"SQL Server 数据库应用技术"课程的学生学号和姓名。

（5）查询没有选课的学生名单（学号、姓名）。

（6）将"SQL Server 数据库应用技术"课程的成绩加 5 分。

（7）创建一个指定班级的花名册。

（8）将新课程表的信息插入原课程表中。

6.4.2　相关知识

1. 为什么使用子查询

问题：查找和王一诺（学号为 J1300101）同班的同学。

要实现这个查询，需要两步，即首先查出王一诺的班级，然后使用 WHERE 语句筛选出同班的学生。

```
SELECT * FROM students WHERE classid = (
SELECT classid FROM students WHERE sno ='J1300101' )
```

2. 什么是子查询

将一个查询语句嵌套在另一个查询语句中，称为嵌套查询。里层的查询语句叫子查询，外层的查询语句叫父查询。子查询可以再包含子查询，至多可嵌套 32 层。

所有的子查询可以分为两类，即相关子查询和非相关子查询。

相关子查询的执行依赖于父查询。多数情况下是子查询的 WHERE 子句中引用了父查询的表，执行过程如下。

（1）从父查询中取出一条记录，将记录相关列的值传给子查询。

（2）执行子查询，得到子查询操作的值。

（3）父查询根据子查询返回的结果或结果集，得到满足条件的行。

（4）然后父查询取出下一条记录，重复做步骤（1）～（3），直到外层的记录全部处理完毕。

较多使用的是非相关子查询。非相关子查询的执行不需要依赖父查询，执行过程如下。

① 执行子查询，其结果不被显示，而是传递给外部查询，作为父查询的条件使用。

② 执行父查询，并显示整个结果。

在什么情况下需要使用嵌套查询呢？第一种情况，WHERE 子句中需要使用聚合函数，这种情况必须使用嵌套查询；第二种情况，可以把复杂的查询分解成一系列简单查询，一般这种情况的查询也可以使用连接查询完成。

使用子查询时要用括号括起来。

子查询既可以出现在选择列表中，也可以出现在 FROM 子句中，最常用的是出现在 WHERE 子句中，一般形式如下。

```
WHERE  表达式  比较运算符 (子查询)
WHERE  表达式  [NOT]  IN (子查询)
WHERE [NOT]   EXISTS (子查询)
```

非相关子查询一般返回单值或一个列表。子查询返回单值，则使用比较运算符；若子查询返回一个列表，则需要使用 IN 运算符。EXISTS 后跟的子查询一般为相关子查询。

下面通过完成任务,进一步了解、熟悉嵌套查询。

6.4.3 任务实施

1. 使用比较运算符

实现任务(1):查询和王一诺(学号为 J1300101)同班、同龄的学生。

分析:在子查询中要查出学号为 J1300101 的班级和出生年份,实现代码如下。

```
SELECT *
FROM students
WHERE classid=(SELECT classid FROM students WHERE sno='J1300101' )
AND
YEAR(birthday)=(SELECT  YEAR(birthday)  FROM  students  WHERE  sno=
'J1300101')
```

实现任务(2):查询成绩最高的学生学号。

分析:要求显示的是学号,条件是分数最高的,即 grade=最高分,最高分可以通过子查询语句获得,实现代码如下。

```
SELECT sno
FROM score
WHERE grade=(SELECT max(grade) FROM score)
```

2. 使用[NOT] IN 运算符

实现任务(3):查询最高分的学生学号和姓名。

分析:通过任务(2),已经查询出最高分的学生学号,不妨将查询结果记为 A(这个 A 可能为单值,也可能为列表),然后可以利用学生表查询出 A 对应的姓名,实现代码如下。

```
SELECT sno, sname
FROM students
WHERE sno IN (SELECT sno FROM score WHERE grade=
   (SELECT MAX(grade) FROM score) )
```

▶ **注意**:最高分的学号可能为单值,也可能为列表,所以最外层的查询中使用 IN 运算符。

查询结果如图 6-11 所示。

实现任务(4):查询选修了"SQL Server 数据库应用技术"课程的学生学号和姓名。

分析:条件是根据课程名称,选择列表是学号和姓名,所以查询涉及学生表、课程表和成绩表。不妨把这个稍复杂的查询分解为若干个简单查询。

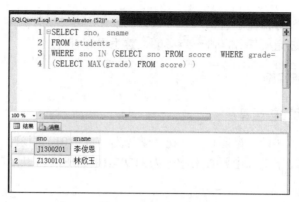

图 6-11 代码及查询结果

（1）通过课程名称查询对应的课程号，不妨将查询结果记为 A。

（2）利用成绩表查询选修了 A 的学号，不妨将查询结果记为 B。

（3）利用学生表查询 B 对应的学号和姓名。

实现代码如下。

```
SELECT sno, sname
FROM students
WHERE sno in (SELECT sno    FROM score
WHERE cno = (SELECT cno    FROM courses
WHERE cname='SQL Server 数据库应用技术'))
```

查询结果如图 6-12 所示。

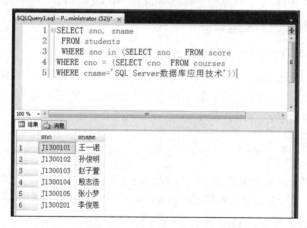

图 6-12 代码及查询结果

⊙ 说明：以上查询也可以通过连接查询实现，代码略。

3. 使用[NOT] EXISTS 子句

EXISTS 用于检查子查询是否至少会返回一行数据，语法格式如下。

```
WHERE [NOT] EXISTS (子查询)
```

EXISTS 子句：如果子查询结果集为空，则 EXISTS 子句返回 FALSE，否则返回 TRUE。NOT EXISTS 则反之。

这里的子查询实际上并不返回任何数据，所以由[NOT] EXISTS 引出的子查询，其选择列表通常都用"*"表示。另外，请注意[NOT] EXISTS 关键字前面没有列名、常量或其他表达式。

实现任务（5）：查询没有选课的学生名单（学号、姓名），实现代码如下。

```
SELECT sno, sname
FROM students
WHERE NOT EXISTS (SELECT * FROM score WHERE score.sno=students.sno)
```

该任务也可以使用 NOT IN 运算符实现，实现代码如下。

```
SELECT sno, sname
FROM students
WHERE sno NOT IN   (SELECT sno FROM score WHERE grade>0)
```

查询结果如图 6-13 所示。

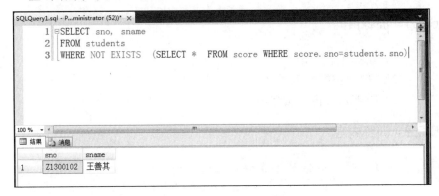

图 6-13　代码及查询结果

4．查询语句的其他应用

在很多情况下，会将查询语句与数据操作语句结合使用。例如，根据子查询的结果删除或修改相应的记录。又如查询的结果形成新的表等。

实现任务（6）：将"SQL Server 数据库应用技术"课程的成绩加 5 分。

分析：在子查询中，根据课程名称在课程表中查询该课程的课程号（假设为 x），修改成绩表，记录修改的条件为课程号=x，代码如下。

```
UPDATE score
SET grade=grade+5
WHERE cno=(SELECT cno
FROM courses
WHERE cname='SQL Server 数据库应用技术')
```

实现任务（7）：创建一个指定班级的花名册（如 J13001 班）。

可以使用 SELECT INTO 语句将查询到的记录创建一张新的表。

```
SELECT sno, sname
INTO J13001STU
FROM students
WHERE classid='J13001'
```

实现任务（8）：将新课程表的信息插入原课程表中。

查询语句还可以和插入语句结合使用，将查询记录插入一张指定的表中。

例如，假设新课程表 newCourses 结构与课程表 courses 结构相同，表中包含了一些新的课程信息，如果需要将新课程表中的记录合并到课程表中，可以使用如下代码。

```
INSERT INTO courses
SELECT * FROM newCourses
```

▲ 任务 6.5 实训

6.5.1 训练目的

（1）掌握单表查询。
（2）掌握连接查询。
（3）掌握常用内置函数的使用。

6.5.2 训练内容

实训 1 学生成绩数据库中的数据查询

1. 任务描述

利用课程表完成下列查询。
（1）查询学分大于 4 分的课程号和课程名称。
（2）查询学时介于 80 到 100 之间的课程信息。
（3）查询课程名称中含"程序设计"的课程号和课程名称。
（4）查询学分最高的一门课程信息。

2. 参考代码

实现查询任务（1）：查询学分大于 4 分的课程号和课程名称，对应的代码如下。

```
SELECT cno,cname
FROM courses
WHERE credit>4
```

实现查询任务（2）：查询学时介于 80 到 100 之间的课程信息，对应的代码如下。

```
SELECT cno,cname,period,credit
FROM courses
WHERE period between 80 and 100
```

实现查询任务（3）：查询课程名称中含"程序设计"的课程号和课程名称，对应的代码如下。

```
SELECT cno,cname
FROM courses
WHERE cname Like '%程序设计%'
```

实现查询任务（4）：查询学分最高的一门课程信息，对应的代码如下。

```
SELECT TOP 1 cno,cname,period,credit
FROM courses
ORDER BY credit Desc
```

实训 2　校园图书管理数据库中的数据查询

1．任务描述

（1）查询清华大学出版社出版的计算机类图书的名称、作者和价格。

（2）查询价格在 20 到 30 元之间的图书名称、发行书号和价格，并按价格升序排列。

（3）查询图书名称中含"程序设计"的图书信息（包含图书编号、图书名称、作者和出版社）。

（4）统计男女读者的人数。

（5）统计每类图书的数量。

（6）查询借阅"文学"类图书的读者编号、姓名、书名、出版社。

（7）查询有逾期记录的读者的基本信息（包含借书证号、读者姓名、所属部门和读者类型）。

（8）统计不同类别的图书的借出数量，按降序排列。

2．参考代码

（1）查询清华大学出版社出版的计算机类图书的名称、作者和价格。
Use 语句的作用为将 SchoolLibrary 数据库设置为当前工作数据库。

```
Use SchoolLibrary
SELECT bookname,author,price
FROM books
WHERE press='清华大学出版社' and type='计算机'
```

（2）查询价格在 20 到 30 元之间的图书名称、发行书号和价格，并按价格升序排列。

```
Use SchoolLibrary
SELECT bookname,ISBN,price
FROM books
WHERE price Between 20 And 30
ORDER BY price
```

（3）查询图书名称中含"程序设计"的图书信息（包含图书编号、图书名称、作者和出版社）。

```
Use SchoolLibrary
SELECT bookid,bookname,author,press
FROM books
WHERE bookname like '%程序设计%'
```

（4）统计男女读者的人数。

```
Use SchoolLibrary
SELECT gender  性别,count(*) 人数
FROM readers
GROUP BY gender
```

（5）统计每类图书的数量。

```
Use SchoolLibrary
SELECT type,count(*)
FROM books
GROUP BY type
```

（6）查询借阅"文学"类图书的读者编号、姓名、书名、出版社。

```
Use SchoolLibrary
SELECT rs.readerid,readername,bookname,press
FROM records rs,readers r,books b
WHERE r.readerid=rs.readerid And b.bookid=rs.bookid And
    b.type='文学'
```

（7）查询有逾期记录的读者的基本信息（包含借书证号、读者姓名、所属部门和读者类型）。

```
Use SchoolLibrary
SELECT distinct rs.readerid,readername,depart,type
FROM records rs,readers r
WHERE r.readerid=rs.readerid And
    overdue='true'
```

（8）统计不同类别的图书的借出数量，按降序排列。

```
SELECT type 图书类别,count(*) 借阅次数
FROM books b,records rs
WHERE b.bookid=rs.bookid
GROUP BY type
```

课后习题

一、选择题

1. 数据库中最频繁的操作是查询，所使用的语句是（　　）。

    A．SELECT   B．INSERT

    C．UPDATE   D．DELETE

2. 在 T-SQL 语法中，SELECT 语句的完整语法较复杂，但至少包括的部分是（　　）。

    A．SELECT，INTO   B．SELECT，FROM

    C．SELECT，GROUP   D．仅 SELECT

3. 在 SQL 查询语句中，FROM 子句中可以出现（　　）。

    A．数据库名   B．表名

    C．列名   D．表达式

4. 在 SELECT 语句中，若要显示的内容使用"*"，则表示（　　）。

    A．选择任何属性   B．选择所有属性

    C．选择所有元组   D．选择主键

5. 在 SELECT 语句中，用于去除重复行的关键字是（　　）。

    A．TOP   B．DISTINCT

    C．PERCENT   D．HAVING

6. 在使用聚合函数时，把空值计算在内的函数是（　　）。

    A．COUNT(*)   B．SUM

    C．MAX   D．AVG

7. 在 SELECT 语句的下列子句中，通常和 HAVING 子句结合使用的是（　　）。

    A．ORDED BY 子句   B．WHERE 子句

    C．GROUP BY 子句   D．均不需要

8. 能对表中某列进行平均值运算的函数是（　　）。

    A．SUM()   B．AVG()

    C．COUNT()   D．MAX()

9. 聚集函数 COUNT、SUM、AVG、MAX、MIN 不允许出现在查询语句的（　　）子句中。

    A．SELECT   B．HAVING

　　　　C．GROUP BY… HAVING　　　　　D．WHERE

10．要查询 book 表中所有书名中包含"数据库"的书籍的价格，可用
（　　）语句。

　　　　A．SELECT price FROM book WHERE book_name = '数据库'

　　　　B．SELECT price FROM book WHERE book_name LIKE '*数据库*'

　　　　C．SELECT price FROM book WHERE book_name = '数据库%'

　　　　D．SELECT price FROM book WHERE book_name LIKE '%数据库%'

11．若想查询出所有姓张且出生日期为空的学生信息，则 WHERE 条件应为（　　　　）。

　　　　A．姓名 LIKE '张%' AND 出生日期 = NULL

　　　　B．姓名 LIKE '张*' AND 出生日期 = NULL

　　　　C．姓名 LIKE '张%' AND 出生日期 IS NULL

　　　　D．姓名 LIKE '张_' AND 出生日期 IS NULL

12．使用 SELECT 语句进行分组检索时，为了去掉不满足条件的分组，应当（　　　　）。

　　　　A．使用 WHERE 子句

　　　　B．在 GROUP BY 后面使用 HAVING 子句

　　　　C．先使用 WHERE 子句，再使用 HAVING 子句

　　　　D．先使用 HAVING 子句，再使用 WHERE 子句

13．在 SQL 语句中，与表达式"仓库号 NOT IN('wh1', 'wh2')"功能相同的表达式是（　　　　）。

　　　　A．仓库号='wh1' And 仓库号='wh2'

　　　　B．仓库号<>'wh1' Or 仓库号<>'wh2'

　　　　C．仓库号<>'wh1' Or 仓库号='wh2'

　　　　D．仓库号<>'wh1' And 仓库号<>'wh2'

14．下列哪个是外连接？（　　　　）

　　　　A．CROSS　JOIN　　　　　　　B．INNER　JOIN

　　　　C．JOIN　　　　　　　　　　　D．FULL　JOIN

15．假设有两张相关联的表分别是 T1 表和 T2 表，如果要显示 T1 表中的全部记录和 T2 表中相关联的记录，应使用的连接是（　　　　）。

　　　　A．T1 join T2　　　　　　　　B．T1 left join T2

　　　　C．T1 right join T2　　　　　　D．T1 full join T2

二、填空题

1．连接查询分为 3 种类型，分别为＿＿＿＿＿＿、＿＿＿＿＿＿和
＿＿＿＿＿＿＿。

2．在 SELECT 语句的 ORDER BY 子句中，ASC 表示＿＿＿＿＿，
DESC 表示＿＿＿＿＿。

3．对数据进行统计时，求最大值的函数是_____。

4．SELECT 语句中使用_____子句指定分组条件，使用_____子句完成排序。

5．关键字 EXISTS 的作用是_____。

三、编程题

1．对学生成绩管理数据库 StuScore，完成如下查询。

（1）查询课程表中所有课程的信息。

（2）查询学生表中"李新"的学号与姓名，显示两列，即学号、姓名。

（3）查询成绩表中成绩为 85～100 的成绩信息。

（4）查询课程名称中含"计算机"的所有课程信息。

（5）查询学生表中男、女生的学生人数。

（6）查询每门课程（号）的选课人数。

（7）查询课程号 0101001 的学生选修人数、平均分、最高分数、最低分数。

（8）查询选修了 3 门以上课程的学生学号。

（9）查询每名学生的学号、姓名及其选修课程的课程号、成绩。

（10）查询出选修"C 语言"课程的学生学号、姓名、课程名称和成绩。

（11）查询高于平均成绩的学生学号、姓名、性别。

（12）查询成绩最高的学生学号、姓名。

（13）查询平均成绩大于等于 85 的所有学生的学号、姓名和平均成绩。

（14）查询课程名称为"高等数学"且分数低于 60 的学生姓名和分数。

（15）查询未选修课程的学生的信息。

2．针对第 3 章创建的员工管理数据库 empManage 中的表，完成如下查询。

（1）查询销售部员工的信息。

（2）查询总经理的信息。

（3）查询每名员工的工资等级。

（4）查询每个部门的人数和平均工资。

第 7 章

使用索引和视图优化查询

查询数据信息是数据库应用系统的主要功能，可以利用索引和视图对查询进行优化，下面分别介绍。

知识目标

❑ 掌握索引的概念和作用。
❑ 了解索引设计原则。
❑ 掌握视图的概念和作用。
❑ 掌握创建视图的 SQL 语句。

能力目标

❑ 会使用图形化界面方式创建索引和视图。
❑ 熟练使用 T-SQL 语句创建索引和视图。
❑ 熟练应用视图进行数据查询和修改操作。

视频讲解

任务 7.1　创建和管理索引

7.1.1　任务描述

在学生成绩管理数据库的表中，根据需要创建下列索引。

（1）在课程表上对课程名称列创建索引。

（2）在学生表上对学生姓名和班级字段建立索引。

7.1.2　相关知识

1．索引的概念

在实际业务中，数据库的表中记录往往数量巨大，随着时间的推移数据量会更加庞大，这也会造成查询速度越来越慢。那么怎样才能提高速度、优化查询呢？给表创建索引就是一个非常有效的方法。正如为厚厚的字典添加索引可以帮助尽快查找字词一样，SQL Server 数据库可以通过适当的索引帮助减少查询工作量，提高查询特定信息的速度。

索引是一个数据列表，这个列表包含某张表中的一列或若干列值（也叫键值）的有序集合，并记录与这些值相对应的数据行在表中存储的物理地址。

一张表的存储是由两部分组成的，一部分用来存放表的数据页；另一部分存放索引页，索引页用来存放索引键值和指向对应记录的指针。通常，索引页面相对于数据页来说小得多。在进行数据检索时，系统首先检索索引页，从中找到所需记录的指针，然后直接通过该指针从数据页面中读取数据，从而提高查询速度。

例如，基于学生表中的学生姓名字段创建了一个姓名索引。若现在需要根据姓名查找学生记录，就可以先从姓名索引中查找到对应的姓名。因为姓名索引是一个有序集合，从有序集合中查找信息一定比从无序集合中查找信息快。姓名索引中还记录每一个姓名所对应的数据行在表中存储的物理地址，根据从索引表中查找到的姓名，就可以查找到对应的学生记录的物理地址，知道了物理地址，对应的学生记录也就找到了。

2．索引分类

根据存储结构的不同，将索引分为聚集索引和非聚集索引。

聚集索引根据数据行的键值，在表或视图中排序和存储这些数据行，也就是说，表中的数据页会依照该索引的顺序来存放，索引顺序和记录的物理顺序一致，每张表中只有一个聚集索引。

非聚集索引具有独立于数据行的结构，索引中包含索引键值、指向包含该键值的数据行的指针。非聚集索引和数据表中记录的实际存储顺序可以不一致，每张表可以有多个非聚集索引。

根据索引键值有无重复，分为唯一索引和非唯一索引。

根据索引建立在一列上还是多列上，分为单列索引和复合索引。

3．创建索引的原则

既然索引可以加快查询，是不是创建的索引越多越好呢？答案是否定的，因为创建和维护索引需要时间和资源，创建索引的原则如下。

（1）创建索引的列。

① 在主键列创建聚集索引。

② 外键或在表连接操作中经常用到的列。

③ 经常查询的数据列。

（2）不创建索引的列。

① 很少在查询中被引用的列。

② 重复值较多的列。

③ 定义为 text、ntext 或者 image 数据类型的列。

（3）系统会自动为下列字段创建索引。

① 为唯一性约束字段创建唯一索引。

② 为主键约束字段创建聚集索引。

4．创建索引

用户创建索引有两种方式：一是使用 SSMS 的图形化界面；二是 使用 T-SQL 语句。下面通过案例分别介绍这两种方式。

7.1.3　任务实施

实现任务（1）：在课程表上对课程名称列创建索引。

① 展开创建索引的表节点，右击"索引"节点，在弹出的快捷菜单中选择"新建索引"→"非聚集索引"命令，如图 7-1 所示。

图 7-1　选择"非聚集索引"命令

② 打开"新建索引"窗口，如图 7-2 所示，在"索引名称"文本框中输入索引的名字，单击"添加"按钮，在弹出的如图 7-3 所示的对话框中选择需要建立索引的列，单击"确定"按钮后返回"新建索引"窗口，在排序顺序中可以指定"升序"或"降序"。单击"确定"按钮，建立索引完毕。

图 7-2 "新建索引"窗口

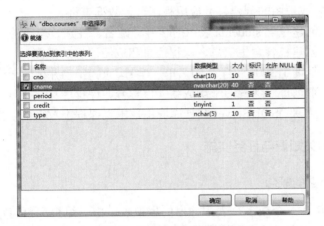

图 7-3 选择索引列对话框

实现任务（2）：在学生表上对姓名列和班级列建立索引。

使用 T-SQL 创建索引的语句为 CREATE INDEX 语句，基本语法如下。

```
CREATE [ UNIQUE ] [ CLUSTERED | NONCLUSTERED ]   INDEX 索引名
ON { 表名| 视图名 } ( 索引列[ ASC | DESC ] [ ,...n ] )
```

参数说明如下。

❑ UNIQUE：为表或视图创建唯一索引。

❑ CLUSTERED：创建聚集索引。

❑ NONCLUSTERED：创建非聚集索引。

❑ ASC | DESC：升序|降序。

实现任务（2）对应的代码如下。

```
CREATE INDEX ix_students
ON students(sname, classid)
```

视 频 讲 解

任务 7.2   创建和使用视图

7.2.1   任务描述

首先，我们看一个简单的例子来了解为什么需要视图。某单位的员工信息包括员工号、姓名、性别、出生日期、身份证号码、部门、家庭住址、联系电话、工资账号、薪资待遇等信息，操作这张表的张三、李四，分别管理不同的数据，出于安全考虑，要求张三只能浏览员工的基本信息（员工号、姓名、性别、出生日期、部门等），李四能够看到本部门员工的薪资信息。这就要求同一张表，对不同用户，只能看到部分限定的内容。这可以通过视图来实现，每个视图只有限定的内容，视图可以像数据表一样分配权限，从而保证数据的安全性，视图的另一个作用是对查询进行简化。

要求完成视图的创建，并应用视图进行数据查询。

（1）创建包含 students 表中的学号、姓名、性别、班级的视图。

（2）创建包含学生信息、课程信息和成绩信息的视图。

（3）查询 J13001 班学生的名单（学号、姓名），并按学号升序排列。

（4）查询每门课程的平均成绩（课程号、课程名称、平均成绩）。

（5）查询"SQL Server 数据库应用技术"课程不及格的学生信息。

7.2.2   相关知识与任务实施

1．视图的概念

视图是从一个或多个表中导出的虚拟表，由一组查询语句定义，数据库仅存有它的定义（索引视图除外），数据由引用视图时动态生成，视图具有如下 4 个特点。

（1）视图是查看数据库表中数据的一种方法。

（2）视图存储了预定义的查询语句，可以重复使用。

（3）视图是一种逻辑对象，并不存储数据。

（4）视图中被引用的表称为视图的基表。

2．视图的作用

（1）集中数据。将数据集中于视图中，用户可注重于所负责的特定业务数据。

（2）对数据提供保护。对不同的用户定义不同的视图，使机密数据不出现在不应看到这些数据的用户视图上，这种机制提供了对机密数据的自动安全保护功能。

（3）简化用户的操作。简化复杂查询的结构，方便对数据的操作。

（4）为数据库重构提供了一定程度的逻辑独立性。若用户通过视图访问数据库，当数据库的逻辑结构发生改变时，只需改变视图的定义，而基于视图的查询不需改变，用户程序不必改变。

3．视图的创建

视图由一组查询语句定义。可以通过两种方式创建，即使用 SSMS，在图形化界面下创建；使用 T-SQL 语句创建。

（1）使用 SSMS 在图形化界面下创建视图。

实现任务（1）：创建包含 students 表中的学号、姓名、性别、班级的视图。

具体步骤如下。

① 在 SSMS 下，选择学生成绩管理数据库节点下的"视图"节点，右击，从弹出的快捷菜单中选择"新建视图"命令，如图 7-4 所示，弹出"添加表"对话框，如图 7-5 所示。

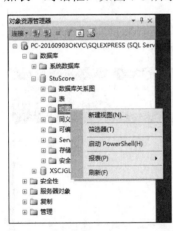
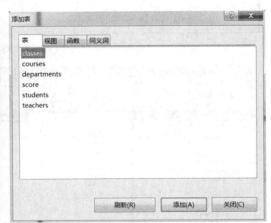

图 7-4　选择"新建视图"命令　　图 7-5　"添加表"对话框

② 在"添加表"对话框中，根据需要选择创建视图所需的基表、视图和函数，此处选择 students，单击"添加"按钮。添加结束后，单击"关闭"按钮。进入创建视图的界面，如图 7-6 所示。

③ 在创建视图的界面中，从上到下共有 4 个窗格，即关系图窗格、选择和条件窗格、SQL 窗格和结果窗格。关系图窗格、选择和条件窗格、SQL 窗格用于创建查询语句。这 3 个窗格保持同步，也就是说，在任一窗格中所完成的操作都会同时反映在其他两个窗格中，如图 7-7 所示。

④ 构建好创建视图的查询语句后，可以单击工具栏上的"执行"按钮，在结果窗格中显示结果。

⑤ 单击工具栏上的"保存"按钮，在弹出"选择名称"对话框中输入视图名称 v_student_list，如图 7-8 所示，视图创建成功。

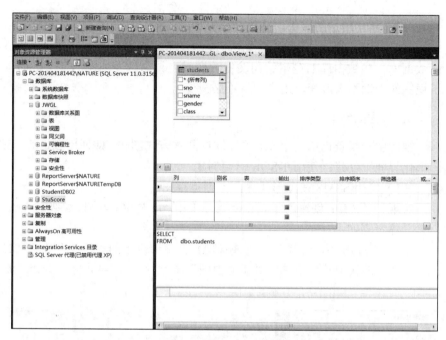

图 7-6 创建视图界面

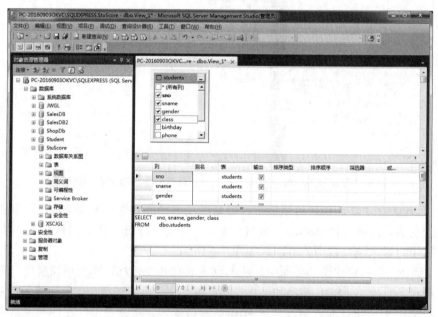

图 7-7 选择字段

图 7-8 "选择名称"对话框

（2）使用 T-SQL 语句创建视图。

创建视图的 T-SQL 语句为 CREATE VIEW 语句，语法格式如下。

```
CREATE VIEW [ <数据库名> .] [ <架构名 > .] 视图名 [( 列名 1 [ ,...n ] ) ]
 [WITH   ENCRYPTION]
AS
SQL 语句
[ WITH CHECK OPTION ]
```

说明如下。

① 列名：视图中的列名（要么全部省略，要么全部指定）。

如果未指定列名表，则视图列将获得与 SELECT 语句中的列相同的名称。如果 SELECT 语句中的列有别名，视图中就取列的别名作为视图中的列名。只有在下列情况下，才必须命名 CREATE VIEW 中的列（或在 SELECT 语句中给列起别名）。

❑　当列是从算术表达式、函数或常量派生的。

❑　两个或更多的列可能会具有相同的名称（通常是因为连接）。

❑　视图中的某列被赋予了不同于派生来源列的名称。

② 定义视图的 SELECT 语句。

可以用具有任意复杂性的 SELECT 子句，使用多张表或其他视图来创建视图。在视图中被查询的表称为基表。

对于视图定义中的 SELECT 子句，有以下几个限制。

❑　不能包含 COMPUTE 或 COMPUTE BY 子句。

❑　不能包含 ORDER BY 子句，除非在 SELECT 语句的选择列表中有 TOP 子句。

❑　不能包含 SELECT INTO 关键字。

③ WITH CHECK OPTION：强制视图上执行的所有数据修改语句，都必须符合定义视图的 WHERE 子句设置的条件。

④ WITH   ENCRYPTION：表示对 CREATE VIEW 语句文本的项进行加密，加密后无法浏览视图的定义。

实现任务（2）：创建包含学生信息、课程信息和成绩信息的视图。

创建视图 v_student_score，该视图包含学号、姓名、班级编号、课程号、课程名称和成绩。

对应的代码如下。

```
CREATE VIEW   v_student_score(sno, sname, class, cno,cname, grade)
AS
SELECT s.sno, sname, class, c.cno, cname, grade
FROM students s, score sc, courses c
WHERE s.sno=sc.sno   AND sc.cno=c.cno
```

4．视图的应用

可以应用视图进行数据查询，就像对表的查询一样，同时在满足一定条件下，可以应用视图进行数据添加、更新和删除。最终所有对视图的操作都转换成对基表的操作。

1）通过视图查询数据

使用视图查询数据和使用表进行查询一样。其实质是转换成对基表的查询。

下面利用前面创建好的视图查询数据。

实现任务（3）：查询 J13001 班学生的名单（学号、姓名），并按学号升序排列。

使用视图 v_student_list 进行查询。

对应的代码如下。

```
SELECT sno, sname
FROM v_student_list
ORDER BY sno
```

这样就能保证用户只能看到学号和姓名，而看不到其他列。所以使用视图能起到一定的数据保密作用。

实现任务（4）：查询每门课程的平均成绩（课程号、课程名称、平均成绩）。

利用 v_student_score 视图查询。

```
SELECT cno, cname, avg(grade)
FROM v_student_score
GROUP BY cno, cname
```

实现任务（5）：查询"SQL Server 数据库应用技术"课程不及格的学生信息。

```
SELECT sno, sname, class, grade
FROM v_student_score
WHERE   cname='SQL Server 数据库应用技术'   AND   grade<60
```

可以看出使用视图能够简化查询。

2）通过视图修改（添加、更新、删除）数据

用户可以通过视图修改基表的数据，其方法与使用 UPDATE、INSERT 和 DELETE 语句在表中修改数据一样，实质都是转换为对基表的操作。

▶ **注意：**

① 任何通过视图的数据修改都只能修改一张基表的列，不能同时影响多张表。

② 通过视图修改的列必须是直接引用基表中的列。对于通过使用集合函数得到或使用表达式由多个字段得到的列，不能进行修改操作。

③ 如果在视图定义中使用了 WITH CHECK OPTION 子句，则所有在

视图上执行的修改操作都必须符合定义视图的 SELECT 语句中所设置的检索条件。

【例 7-1】建立一个包含女生信息的视图（包含学号、学生姓名、性别、所属班级），并要求通过视图修改的数据仍是女生。

对应的代码如下。

```
CREATE   VIEW v_female
AS
SELECT sno, sname, gender, classid
FROM students
WHERE gender='女'
WITH CHECK   OPTION
```

【例 7-2】利用例 7-1 建立的视图 v_female，插入一条记录（学号J1300145、姓名陈果、性别女、所属班级 J13001）。

对应的代码如下。

```
INSERT INTO v_female(sno, sname, gender, classid)
VALUES('J1300145', '陈果', '女', 'J13001')
```

问题：能利用 v_female 视图插入一条男生记录吗？

答：不能，因为创建 v_female 视图时，带有 WITH CHECK OPTION 选项，说明利用视图修改数据时，仍必须满足 gender='女'的检索条件。

5．视图的优缺点

通过以上视图的介绍和使用，可以总结出视图的优缺点。

优点如下。

（1）数据保密。对不同的用户定义不同的视图，使其只能看到与自己有关的数据。

（2）简化查询操作。为复杂的查询建立一个视图，针对此视图做简单的查询。

（3）保证数据的逻辑独立性。构成视图的基本表改变时，只需改变视图的定义，而基于视图的查询不需改变。

缺点如下。

（1）性能降低。

（2）修改受限。

6．视图的管理

视图的管理包括查看、修改、重命名和删除视图，可以使用 SSMS 或 T-SQL 实现。

1）使用 SSMS 管理视图

在 SSMS 中依次展开各节点到需要管理的视图，右击，在弹出的快捷菜单中选择"设计"命令，可以查看和修改视图；选择"重命名"命令，进行视图重命名；选择"删除"命令，可以删除视图，如图 7-9 所示。

图 7-9　使用 SSMS 管理视图

2）使用 T-SQL 管理视图

（1）查看视图定义。使用系统存储过程 SP_HELPTEXT 查看视图定义，语法格式如下。

SP_HELPTEXT 视图名

（2）修改视图定义。修改视图定义的 T-SQL 语句是 ALTER VIEW 语句，语法格式如下。

ALTER VIEW 视图名[列名表]
[WITH ENCRYPTION]
AS
SQL 语句
 [WITH CHECK OPTION]

（3）重命名视图。和重命名表相同，利用系统存储过程 SP_RENAME 重命名视图。

（4）删除视图。删除视图的 T-SQL 语句为 DROP VIEW 语句，语法格式如下。

DROP VIEW　视图名

任务 7.3　实训

7.3.1　训练目的

（1）会使用图形化界面方式创建索引和视图。

（2）熟练使用 T-SQL 语句创建索引和维护索引。

（3）熟练使用 T-SQL 语句创建视图和应用视图。

7.3.2　训练内容

（1）在学生成绩管理数据库中，根据需要创建下列索引。

① 使用 SSMS 为 dept 表创建以 deptno 为索引列的聚集索引。

② 使用 SSMS 为 courses 表创建以 cname 为索引列的唯一非聚集索引。

③ 使用 T-SQL 语句为 students 表创建以 sname、classid 为索引列的非聚集索引。

④ 使用 T-SQL 语句删除②中在 courses 表中创建的唯一非聚集索引。

（2）视图的创建与使用。

① 使用 SSMS 创建视图 v_student，视图中包含计算机系学生的信息。

② 在 v_student 视图中，查询 J13001 班的学生信息。

③ 使用 T-SQL 语句创建不及格学生视图 v_nopass，视图中包含学号、姓名、课程号、课程名称、成绩。

④ 查询视图 v_nopass 中的数据。

⑤ 修改视图 v_nopass 中的某名学生的成绩为 70，观察运行结果，理解修改视图的实质是修改基表的数据。

⑥ 创建视图，包括课程号、课程名称、选课学生人数、平均分、最高分、最低分。

课后习题

一、选择题

1. 在一张表中可以建立（　　）个聚集索引。

    A．1　　　　　　B．2　　　　　　C．3　　　　　　D．4

2. 为数据库创建索引的目的是（　　）。

    A．提高检索性能　　　　　　B．节省存储空间

    C．便于管理　　　　　　　　D．归类

3. 索引是指对表中（　　）字段的值进行排序。

    A．零个　　　B．一个　　　　C．多个　　　　D．一个或多个

4. SQL 的视图是从（　　）中导出的。

    A．基本表　　　　　　　　　B．视图

    C．基本表或视图　　　　　　D．数据库

5. 关于视图，说法错误的是（　　）。

    A．视图是一张虚拟表

    B．视图的数据存储在视图所引用的表中

C．视图只能由一张表导出

D．视图在使用时同表一样，也包含字段和记录

6．下列对索引的描述，不正确的是（　　）。

A．建立索引可以加快对表中数据的检索

B．索引建得越多越好

C．每个索引都会占用一定的物理空间

D．建立主键约束时，会自动建立聚集索引

7．在 SQL 中，建立视图的命令是（　　）。

A．CREATE DATABASE　　　　B．CREATE TABLE

C．CREATE VIEW　　　　D．CREATE INDEX

8．在 SQL 中，删除索引的命令是（　　）。

A．CREATE INDEX　　　　B．ALTER TABLE

C．DROP VIEW　　　　D．DROP INDEX

二、填空题

1．视图是一个_____，在数据库中仅保存其_____，其中的数据在使用视图时动态生成。

2．创建视图的数据源可以是_____或_____。

3．根据索引的顺序与物理顺序是否相同，可以把索引分为_____和_____。

4．在使用 CREATE INDEX 语句创建唯一索引时，需要使用关键字_____。

5．创建视图用_____参数，使视图的定义语句加密。

三、简答题

1．简述索引的概念、分类及作用。

2．简述聚集索引与非聚集索引的区别。

3．简述视图的概念及作用。

4．简述视图与表的区别。

第 8 章

数据库编程

在 SQL Server 的应用操作中，存储过程和触发器扮演着相当重要的角色，其基于预编译并存储在 SQL Server 数据库中的特性，不仅能提高应用效率、确保一致性、完成业务规则，更能提高系统运行的速度。本章我们就来学习数据库编程，学习存储过程、触发器等数据库高级对象的创建。

知识目标

❑ 掌握 T-SQL 的语法基础。
❑ 理解事务的作用和特性，掌握事务管理语句。
❑ 理解存储过程的作用，掌握存储过程的创建和执行。
❑ 理解触发器的作用，掌握触发器的创建。

能力目标

❑ 会使用事务实施数据完整性。
❑ 能够根据需要，创建合适的存储过程。
❑ 能够创建触发器，实现业务规则要求。

任务 8.1 了解 T–SQL 语言

视频讲解

SQL 是关系数据库的标准语言，可以在所有关系数据库上使用，T-SQL（Transaction Structured Query Language）是标准 SQL 的一种扩展，我们不仅可以利用 T-SQL 编写的数据库程序完成数据库的各种操作，还可以将其嵌入其他语言，用来让程序与 SQL Server 沟通。T-SQL 是 SQL Server 系列产品独有的。

8.1.1　常量

常量也称为标量值，是表示一个特定数据值的符号，常量的格式取决于它所表示的数据类型。

（1）数字常量包括整数常量、小数常量和浮点数常量。整数常量和小数常量被写成普通的数字形式，由负号（-）、数字和小数点构成；浮点常量常使用 e 来指定，常用来表示特别大或者特别小的数据，例如 1.5e6、2.5e-7，e 后面的数字代表乘以 10 的幂次。

（2）字符串常量括在单引号内，如果字符串本身包含单引号，则使用两个单引号表示。

例如，字符串 I'm a student. 表示为'I''m a student'.

（3）日期和时间常量是放在单引号中的，由日期、时间以及间隔符构成，例如'1984-03-10' '03/31/2021'.

8.1.2　变量

T-SQL 中有两类变量，即局部变量和全局变量。

局部变量名必须以一个@开头，全局变量名以两个@开头。

1．局部变量

局部变量是用户可自定义的变量，只具有局部作用范围，也就是只能在定义它的语句、批处理或过程中使用。

局部变量用 DECLARE 命令声明，语法格式如下。

```
DECLARE　@变量名　数据类型　[,…n]
```

用 SET 或 SELECT 给局部变量赋值，语法格式如下。

```
SET　@变量名=值
SELECT　@变量名=表达式[,…n]
```

说明：当表达式为列名时，SELECT 可利用查询功能将查询结果赋给变量，如果有多个查询结果，则为查询的最后一个值。

从语法中可以看出，一条 SET 语句只能给一个局部变量赋值，一条 SELECT 语句可以同时给多个局部变量赋值。

【例 8-1】声明一个 10 个字符的局部变量@id，并给它赋值"1001000110"。对应的代码如下。

```
DELCARE @id char(10)
SET　@id='1001000110'
```

【例 8-2】查询"SQL Server 数据库应用技术"课程的学分和学时，保存在变量中。

```
DECLARE @xuefen int, @xueshi int
SELECT @xuefen=credit, @xueshi=period
FROM courses
WHERE cname='SQL Server 数据库应用技术'
```

2. 全局变量

全局变量是 SQL Server 系统定义并赋值的变量，用来记录 SQL Server 的配置设定值和效能统计等数据。用户不能定义全局变量，也不能给全局变量赋值，只能读取。

常用的全局变量如表 8-1 所示。

表 8-1　常用的全局变量

全局变量名称	含　　义
@@version	当前的 SQL Server 安装的版本、处理器体系结构、生成日期和操作系统
@@rowcount	上一条 T-SQL 语句影响到的数据行数
@@error	执行的上一条 T-SQL 语句的错误号
@@connections	自 SQL Server 最后一次启动以来，连接或试图连接到 SQL Server 的连接数目

3. 变量的显示

可以直接用 SELECT 显示变量，语法格式如下。

```
SELECT   变量名[,...n]
```

还可以使用 PRINT 语句，语法格式如下。

```
PRINT   表达式
```

表达式的数据类型必须是字符型的，或者能够隐式转换成字符型。

【例 8-3】查询 J13001 班高等数学的平均成绩，用 PRINT 语句显示结果。对应的代码如下。

```
DECLARE @grade int
SELECT @grade=Avg(grade)
FROM students s, courses c, score sc
WHERE s.sno=sc.sno AND c.cno=sc.cno AND
    classid='J13001' AND cname='高等数学'
PRINT   '平均成绩:'+STR(@grade, 3)
```

运行结果如图 8-1 所示。

说明：STR() 函数的功能是把数值转换为字符串，整数表示字符串的长度。

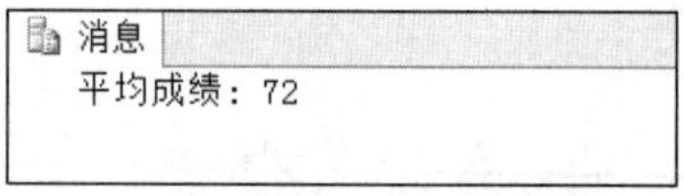

图 8-1   运行结果

8.1.3   内置函数

SQL Server 提供了许多内置函数，通过与查询、添加、更新和删除等操作的配合使用，可实现更复杂的功能。T-SQL 的常用内置函数有字符串函数、数学函数、日期时间函数和转换函数。

1．字符串函数

SQL Server 的字符串函数可实现对字符串数据的分析、查找、转换等，常用的字符串函数如表 8-2 所示。

表 8-2   字符串函数

函　　数	功　能　描　述
ASCII(character)	返回 character 的 ASCII 整数值。参数为字符串时，只取第一个字符
CHAR(integer)	返回给定 ASCII 整数值对应的字符。参数 integer 为 0～255 的整数
SPACE(integer)	返回指定个数的空格
STR(float[,length [,decimal]])	将给定的浮点数转换成字符串。length 为浮点数转换时的最大长度，decimal 为浮点数转换时保留的小数位数
LEN(string)	返回字符串中的字符个数
LOWER(string)	将字符串中的字符全部转换为小写
UPPER(string)	将字符串中的字符全部转换为大写
LTRIM(string)	删除字符串前面的所有空格
RTRIM(string)	删除字符串后面的所有空格
LEFT(string, integer)	返回字符串从左边开始的指定个数的字符
RIGHT(string, integer)	返回字符串从右边开始的指定个数的字符
SUBSTRING(string,start,length)	从字符串的指定位置开始,返回指定个数的字符
REPLACE(string1,string2,string3)	对字符串中的指定内容进行替换。即用第三个字符串表达式替换第一个字符串表达式中出现的所有第二个给定字符串表达式
STUFF(string1,start,length,string2)	将字符串插入另一字符串。它在第一个字符串中，从开始位置删除指定长度的字符；然后将第二个字符串插入第一个字符串的开始位置
CHARINDEX(string1,string2[,start])	在 string2 中从 start 指定的字符开始搜索 string1 并返回其起始位置，如果没有找到则返回 0
PATINDEX ('%pattern%' , string)	按照指定模式在字符串中查找,返回匹配内容第一次出现的起始位置；如果没有找到则返回 0

【例 8-4】执行以下语句，观察函数的返回值，结果如图 8-2 所示。

SELECT SUBSTRING('Microsoft SQL Server 2012', 11, 15), REPLACE('SQL Server 2010', '2010', '2012')

图 8-2　显示结果

2．数学函数

SQL Server 的数学函数可以实现各种数学运算，常用的数学函数如表 8-3 所示。

表 8-3　数学函数

函　　数	功　能　描　述
ABS(number)	返回给定数字的绝对值
EXP(number)	返回给定数字的指数值
SQRT(number)	返回给定数字的平方根
CEILING(number)	返回大于或等于给定数字的最小整数
FLOOR(number)	返回小于或等于给定数字的最大整数
RAND([number])	返回一个 0 到 1 之间的随机小数
ROUND(number, num_digits)	对 number 四舍五入。num_digits 大于 0，四舍五入到指定小数位；等于 0，四舍五入到最接近的整数；小于 0，从指定整数位进行四舍五入
SIGN(number)	返回 number 的正负号。number 为正数时返回 1，为 0 时返回 0，为负数时返回−1
POWER(number, n)	返回给定数字的乘幂。即返回 number 的 n 次方的值
LOG(number)	返回给定数字的自然对数，即以 e 为底的对数值
LOG10(number)	返回给定数字的以 10 为底的对数值
PI()	返回 π 的常量值 3.14159265358979，精确到小数点后 14 位

【例 8-5】执行以下语句，观察函数的返回值，结果如图 8-3 所示。

SELECT　ABS(-3.8), SQRT(9), POWER(2,3), RAND(2), ROUND(-1.5678,3), ROUND(-1.4567,-3)

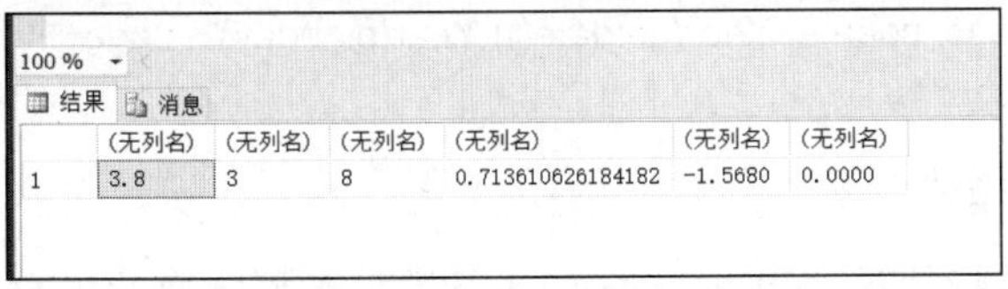

图 8-3　返回值结果

3. 日期时间函数

SQL Server 的日期时间函数实现对日期时间类型数据的各种操作，常用的日期时间函数如表 8-4 所示。

表 8-4　日期时间函数

函　　　数	功　　　能
GetDate()	获取当前系统日期和时间
Year(date)	返回 date 中的"年"部分整数
Month(date)	返回 date 中的"月"部分整数
Day(date)	返回 date 中的"日"部分整数
DatePart(datepart,date)	返回 date 中指定 datepart 的整数
DateName(datepart,date)	返回 date 中指定 datepart 的字符串
DateAdd (datepart, number,date)	将指定 number 时间间隔（有符号整数）与指定 date 的指定 datepart 相加后，返回该 date
DateDiff (datepart,startdate,enddate)	返回指定的 startdate 和 enddate 之间所跨的指定 datepart 边界的计数

其中，参数 datepart 的取值如表 8-5 所示。

表 8-5　datepart 的取值

日 期 部 分	缩　　　写	含　　　义
year	yy，yyyy	年
quarter	qq，q	季度，1～4
month	mm，m	月，1～12
dayofyear	dy，y	一年中的第几日，1～366
day	dd，d	一月中的第几日，1～31
week	wk，ww	一年中的第几周，1～52
weekday	Dw	星期几，一个星期从星期日开始，DateName 函数返回星期日到星期六；DatePart 返回 1～7（1 对应着星期日，2 对应着星期一）
hour	Hh	小时
minute	min	分钟
second	ss，s	秒
millisecond	ms	毫秒

【例 8-6】查询所有学生的学号、姓名和年龄，代码如下。

```
SELECT sno, sname, Year(getdate())-Year(birthday) as age
FROM students
```

4. 转换函数

转换函数指的是 SQL Server 中进行数据类型转换的函数。在一般情况下，SQL Server 会自动完成数据类型的转换，但当数据类型无法自动转换时，用户可以通过数据库提供的函数来转换，如表 8-6 所示。

表 8-6 转换函数

函　数	功　能
CAST(expression as data_type [(length)])	将表达式 expression 表示的值转换为参数 data_type 指定的目标数据类型；参数 length 指定目标数据类型长度，是可选参数，默认值为 30
CONVERT(data_type[(length)], expression [,style])	与 CAST 函数功能相似，参数 style 规定日期/时间的输出格式

【例 8-7】以不同格式输出系统当前时间。

```
SELECT CONVERT(VARCHAR(19), GETDATE()), CONVERT(VARCHAR(10),
GETDATE(), 110), CONVERT(VARCHAR(24), GETDATE(), 120)
```

8.1.4　批处理

批处理是包含一个或多个 T-SQL 语句的组，从客户端一次性地发送到服务器端。SQL Server 服务器将批处理语句编译成一个执行单元。批处理能够有效地减少客户端到服务器的网络往返次数。

Go 是批处理的结束符。当遇到 Go 关键字时，Go 之前的语句会作为一个批处理直接传到 SQL Server 实例执行。Go 关键字本身并不是一个 T-SQL 语句。

一般一个批处理中可以包含多条 T-SQL 语句，但是有一些特殊的地方。CREATE RULE、CREATE DEFAULT、CREATE PROCEDURE、CREATE TRIGGER 和 CREATE VIEW 语句必须是批处理中唯一的语句。

【例 8-8】下列语句中若去掉 Go，还可以吗？

```
USE StuScore
GO
CEATE VIEW com_student_view
AS
SELECT sno,sname
FROM students
WHERE sno like 'J%'
GO
SELECT * FROM com_student_view
GO
```

解答：CREATE VIEW 语句必须是批处理中唯一的语句，所以第一个和第二个 Go 不能去掉。如果去掉，则会显示如图 8-4 所示的错误。

```
1   Use StuScore
2
3   CREATE VIEW com_student_view
4   As
5   SELECT sno,sname
6   FROM students
7   WHERE sno like 'J%'
8
9   SELECT * from com_student_view
10
11
```
```
100 %
消息
消息 111，级别 15，状态 1，第 3 行
'CREATE VIEW' 必须是查询批次中的第一个语句。
```

图 8-4　错误提示

【例 8-9】下列语句对吗？

```
DECLARE @stud_var int
Go
SELECT @stud_var=25
Go
Print @stud_var
Go
```

解答：不对。因为局部变量仅在声明它的批处理内有效，所以第一个和第二个 Go 必须去掉。

视频讲解

任务 8.2　编程实现学生成绩管理

8.2.1　任务描述

任务 1：如果课程号为 0101001 的平均成绩及格，则打印"平均分及格"，并且打印此门功课的最高分数和最低分数，否则打印平均成绩和"我们还需要加倍努力"。

任务 2：将学号为 J1301001 的同学所选课程号为 0301001 的成绩转换为等级制成绩。90 分以上为 A，80 分以上为 B，70 分以上为 C，60 分以上为 D，60 分以下为 E。

任务 3：将成绩表中的成绩转换为等级制显示。90 分以上为 A，80 分以上为 B，70 分以上为 C，60 分以上为 D，60 分以下为 E。

任务 4：本次高等数学考试成绩较差，假设要提分，保证及格率达到80%以上。提分规则为先给每人加 2 分，看是否达到要求，如果没有，继续加 2 分，直到及格率达到 80%以上。注意，个人成绩不能超过 100 分。

任务 5：检测马振祥是否选课。

完成这些任务，需要用到 T-SQL 的程序设计相关知识。

8.2.2 相关知识与任务实施

T-SQL 语言中提供了丰富的流程控制语句或函数，主要包含分支语句（IF…ELSE）、循环语句（WHILE）、多路分支函数（CASE）及检测语句（IF…EXISTS）。

1．分支语句（IF…ELSE）

语法格式如下。

```
IF  条件表达式
{T-SQL 语句 | 语句块 }
[ ELSE
{ T-SQL 语句 | 语句块  }]
```

其中，IF 或 ELSE 后面有多条语句时，则要使用 BEGIN 和 END 语句将多个 T-SQL 语句组合为一个语句块，BEGIN 和 END 的作用相当于 C、C#等高级语言中的{ … }。

完成任务（1）：如果课程号为 0101001 的平均成绩及格，则打印"平均分及格"，并且打印此门功课的最高分数和最低分数，否则打印平均成绩和"我们还需要加倍努力"。

对应的代码如下。

```
DECLARE @avg int,  @max int, @min int
SELECT @avg=ROUND(AVG(grade),0) FROM score WHERE cno='0101001'
IF  @avg>=60
  BEGIN
     PRINT '平均分及格'
     SELECT @max=Max(grade),@min=Min(grade) FROM score
     WHERE cno='0101001'
     PRINT '最高分：'+str(@max,3)
     PRINT '最低分：'+str(@min,3)
  END
ELSE
  BEGIN
     Print '平均成绩：'+str(@avg, 3)
     Print '我们还需要加倍努力'
  END
```

运行结果如图 8-5 所示。

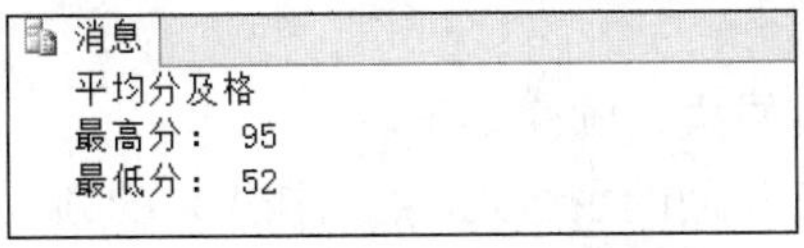

```
消息
平均分及格
最高分： 95
最低分： 52
```

图 8-5 0101001 课程的成绩统计

IF 语句可以嵌套，实现多路分支。

完成任务（2）：将学号为 J1301001 的同学所选课程号为 0301001 的成绩转换为等级制成绩。90 分以上为 A，80 分以上为 B，70 分以上为 C，60 分以上为 D，60 分以下为 E。

分析：先利用查询语句查询出成绩，并将成绩保存在一个局部变量中，再使用 IF…ELSE IF…ELSE 嵌套语句对成绩变量进行多种情况判断，按照转换原则将百分制成绩转换成等级制成绩，并保存在一个局部变量中，最后打印输出等级制成绩。

对应的代码如下。

```
DECLARE @grade int, @step char(1)
SELECT @grade=grade
FROM score
WHERE sno='J1301001'   AND   cno='0301001'
IF @grade>=90   AND @grade<=100
   SET @step='A'
ELSE IF   @grade>=80
     SET @step='B'
  ELSE IF @grade>=70
       SET @step='C'
     ELSE IF @grade>=60
          SET @step='D'
       ELSE
          SET @step='E'
Print '成绩（等级制）:'+@step
```

2．多路分支函数（CASE）

除了使用 IF 语句嵌套实现多路分支，还可以使用 CASE 函数实现多路分支。

CASE 函数有两种写法，分别为简单 CASE 函数和 CASE 搜索函数。

1）简单 CASE 函数

语法格式如下。

```
CASE 表达式
  WHEN 表达式 1 THEN 结果 1
  WHEN 表达式 2 THEN 结果 2
 [ ...n ]
 [ELSE 默认结果]
END
```

简单 CASE 函数的执行顺序如下。

（1）计算 CASE 后面的表达式，然后按指定的顺序将该值与每个 WHEN 子句后的表达式值进行比较，如果和某个 WHEN 子句的表达式值相等，则

THEN 子句的值就是 CASE 函数的结果。

（2）在所有的计算结果都不为 TRUE 的情况下，如果指定了 ELSE 子句，则返回 ELSE 子句的值；如果没有指定 ELSE 子句，则返回 NULL。

【例 8-10】输出英文表示的星期几。

```
DECLARE @w int,@week char(10)
SET @w=5
SET @week=(CASE @w
WHEN 1 THEN 'MON'
WHEN 2 THEN 'TUES'
WHEN 3 THEN 'WED'
WHEN 4 THEN 'THURS'
WHEN 5 THEN 'FRI'
WHEN 6 THEN 'SAT'
WHEN 0 THEN 'SUN'
ELSE 'ERROR'
END)
PRINT @week
```

运行结果为 FRI。

2）CASE 搜索函数

语法格式如下。

```
CASE
WHEN 条件表达式 1 THEN 结果表达式 1
WHEN 条件表达式 2 THEN 结果表达式 2
 [ ...n ]
[ELSE 结果表达式]
END
```

CASE 搜索函数的执行顺序如下。

按指定顺序对每个 WHEN 子句求条件表达式的值，返回计算结果为 TRUE 的第一个结果表达式的值。

若所有 WHEN 子句的条件表达式都不为 TRUE，如果指定了 ELSE 子句，则返回 ELSE 后表达式的值；如果没有指定 ELSE 子句，则返回 NULL。

▶ 注意：CASE 函数仅返回一个表达式，不是完整的语句。

完成任务（3）：将成绩表中的成绩转换为等级制显示。90 分以上为 A，80 分以上为 B，70 分以上为 C，60 分以上为 D，60 分以下为 E。

对应的代码如下。

```
SELECT 学号=sno, 课程号=cno,
    成绩=CASE
        WHEN grade >=90 AND  grade<=100  THEN  'A'
```

```
        WHEN grade>=80 THEN   'B'
        WHEN grade>=70 THEN   'C'
        WHEN grade>=60 THEN   'D'
        ELSE    'E'
    END
FROM   score
```

运行结果如图 8-6 所示。

	学号	课程号	成绩
1	J1300101	0101001	B
2	J1300101	0102005	B
3	J1300101	0201002	B
4	J1300101	0201003	B
5	J1300101	0301001	C
6	J1300102	0101002	C
7	J1300102	0201002	B
8	J1300102	0201003	C
9	J1300103	0101001	B
10	J1300103	0102005	B

图 8-6　成绩等级显示结果

3．循环语句（WHILE）

语法格式如下。

```
WHILE 条件表达式
  {SQL 语句｜语句块}
```

如果 WHILE 语句后的条件表达式为 TRUE，则重复执行 SQL 语句或语句块。可以使用 BREAK 和 CONTINUE 关键字，在循环内部控制 WHILE 循环中语句的执行。

BREAK 是强制循环结束，不管循环条件是否满足。

CONTINUE 是结束本次循环，进行下一次循环。

完成任务（4）：本次高等数学考试成绩较差，假设要提分，保证及格率达到 80%以上。提分规则：先给每人加 2 分，看是否达到要求，如果没有，继续加 2 分，直到及格率达到 80%以上。注意，个人成绩不能超过 100 分。

思路：

（1）查询参加高等数学考试的总人数。

（2）查询高等数学考试成绩及格的人数。

（3）用及格人数除以总人数，计算出及格率。

（4）如果及格率小于 80%，则加分。

（5）重复步骤（2）～（4）。

对应的代码如下。

```
DECLARE @total int, @pass float
SELECT @total=count(grade)
FROM score sc, courses c
WHERE sc.cno=c.cno AND  cname='高等数学'
SELECT @pass=count(grade)
FROM score sc, courses c
WHERE sc.cno=c.cno AND cname='高等数学' AND grade>=60
WHILE @pass/@total<=0.8
BEGIN
  UPDATE score
  SET grade=grade+2
  WHERE cno=(SELECT cno FROM courses WHERE cname='高等数学') AND
grade<=98
  SELECT @pass=count(grade)
  FROM score sc, courses c
  WHERE sc.cno=c.cno AND cname='高等数学' AND grade>=60
END
PRINT '更新后及格率:'+str(@pass/@total*100, 5, 2)+'%'
```

运行结果如图 8-7 所示。

图 8-7　及格率显示结果

4．检测语句（IF…EXISTS）

检测语句用于检测数据是否存在，只返回 TRUE 或 FALSE（如果和查询语句一起使用，查询语句的选择列表用*即可）。

完成任务（5）：检测马振祥是否选课。

对应的代码如下。

```
IF  Exists (SELECT  *  FROM  score sc, students s
        WHERE sc.sno=s.sno And  sname= '马振祥')
  PRINT  '有选课'
ELSE
  PRINT   '没选课'
```

⚠ 任务 8.3　使用事务保证数据一致性

视 频 讲 解

为了完成数据库管理系统中的一个功能，可能需要对数据库进行多个操作。为了保证数据的一致性或满足业务规则，这些操作要么都执行，要么都不执行，这就需要使用事务。

8.3.1　任务描述

学生成绩管理系统中，刘恒（学号为 Z1300201）因为转专业，转到 J13002 班，学号也变更为 J1300250，需要进行两个操作，即更新学生表中该学生的学号和班级；更新成绩表中该学生的学号。这两个操作要么都执行，要么都不执行，否则会造成数据不一致。

8.3.2　相关知识

1．事务应用场景

模拟银行的转账业务。首先创建一张存放账户的数据表 card，表中有卡号、姓名、账户余额 3 个字段，账户余额必须大于或等于 1（即账户上至少要有 1 元钱），参考代码如下。

```
--创建银行卡数据表
CREATE TABLE card
(
 CardNo varchar(20) primary key,
 UserName varchar(10) not null,
 CurrentMoney money,
 CONSTRAINT ck_money CHECK(CurrentMoney>=1)
)

--插入测试数据
INSERT INTO card(CardNo, UserName, CurrentMoney) VALUES('1001','张三',
800)
INSERT INTO card(CardNo, UserName, CurrentMoney) VALUES('1002','李四', 1)

--模拟转账，从张三的账户转 800 元给李四
UPDATE card SET CurrentMoney=CurrentMoney-800 WHERE CardNo='1001'
UPDATE card SET CurrentMoney=CurrentMoney+800 WHERE CardNo='1002'
```

从张三账户余额减少 800 的 UPDATE 语句，因违反 CHECK 约束而未被执行，运行结果如图 8-8 所示。

```
--查看结果
SELECT * FROM card
```

结果如图 8-9 所示。

从结果可以看出，张三的账户并未转走 800 元，但李四的账户却多了 800 元，原因就是两条 UPDATE 语句只执行了一条，这显然是错误的。如何解决呢？使用事务是可行的解决办法。

```
SQLQuery3.sql - P...ministrator (52))* ×
 1  ⊟CREATE TABLE card
 2   (
 3     CardNo varchar(20) primary key,
 4     UserName varchar(10) not null,
 5     CurrentMoney money,
 6   CONSTRAINT ck_money CHECK(CurrentMoney>=1)
 7   )
 8   GO
 9  ⊟INSERT INTO card(CardNo, UserName, CurrentMoney) VALUES('1001','张三', 800)
10   INSERT INTO card(CardNo, UserName, CurrentMoney) VALUES('1002','李四', 1)
11   GO
12  ⊟UPDATE card SET CurrentMoney=CurrentMoney-800 WHERE CardNo='1001'
13   UPDATE card SET CurrentMoney=CurrentMoney+800 WHERE CardNo='1002'
```

```
100 %  ◄
🛈 消息
消息 547, 级别 16, 状态 0, 第 1 行
UPDATE 语句与 CHECK 约束"ck_money"冲突。该冲突发生于数据库"StuScore", 表"dbo.card", column 'CurrentMoney'。
语句已终止。
(1 行受影响)
```

图 8-8　运行结果

	CardNo	UserName	CurrentMoney
1	1001	张三	800.00
2	1002	李四	801.00

图 8-9　银行账户余额

2．什么是事务

事务是用户定义的一个数据库操作序列，这些操作在逻辑上是一个整体，要么全部完成，要么全部失败，是一个不可分割的工作单元。一个事务中可以包含一条 T-SQL 语句，也可以包含多条 T-SQL 语句。

3．事务的特性

事务具有 4 个特性，即原子性（Atomic）、一致性（Consistency）、隔离性（Isolation）和持久性（Durability），简称 ACID。

1）原子性

原子性是指一个事务中的所有操作是一个逻辑上不可分割的单位，要么全执行，要么全都不执行。

2）一致性

一致性是指事务将数据库从一个一致的状态转变为另一个一致的状态（数据库处于一致性状态是指数据满足各种完整性规则）。

3）隔离性

隔离性是指一个事务的执行不能受其他事务干扰。即一个事务内部的操作及使用的数据对其他并发事务是隔离的，并发执行的各个事务之间不能互相干扰。

4）持久性

持久性是指一旦事务成功完成，它对数据库的更新应该是持久的。

4. 事务的模式

事务有 3 种模式，即显式事务、隐式事务和自动提交事务。

1）显式事务

用户通过语句定义事务的启动和结束。

每个事务均以 BEGIN TRANSACTION 语句显式开始，以 COMMIT 或 ROLLBACK 语句显式结束（以下所有关键字 TRANSACTION 都可以简写为 TRAN）。

（1）BEGIN TRANSACTION 是定义显式事务开始的语句。

语法格式如下。

```
BEGIN TRANSACTION [ transaction_name | @tran_name_variable]
```

参数说明如下。

❑ transaction_name：分配给事务的名称。

❑ @tran_name_variable：用户定义的代表事务名称的变量名。

（2）COMMIT TRANSACTION 标志一个成功的隐式事务或显式事务的结束。

语法格式如下。

```
COMMIT [ TRANSACTION [ transaction_name | @tran_name_variable ] ]
```

（3）ROLLBACK TRANSACTION 将显式事务或隐式事务回滚到事务的起点或事务内的某个保存点。

语法格式如下。

```
ROLLBACK [ TRANSACTION [ transaction_name | @tran_name_variable |
savepoint_name | @savepoint_variable ] ]
```

（4）SAVE TRANSACTION 用于在事务内设置保存点。

语法格式如下。

```
SAVE TRANSACTION{ savepoint_name | @savepoint_variable }
```

使用事务实现转账业务，参考代码如下。

```
DECLARE @err int
SET @err=0
BEGIN TRAN
UPDATE card SET CurrentMoney=CurrentMoney-800 WHERE CardNo='1001'
SET @err = @err + @@error
UPDATE card SET CurrentMoney=CurrentMoney+800 WHERE CardNo='1002'
SET @err = @err + @@error
```

```
IF @err>0
    BEGIN
        PRINT '转账失败，撤销操作'
        ROLLBACK TRAN
    END
ELSE
    BEGIN
        PRINT '转账成功，提交事务'
        COMMIT TRAN
    END
PRINT '查看转账后的账户余额'
SELECT * FROM card
```

2）隐式事务

通过 SET IMPLICT_TRANSCTIONS ON 语句，打开隐式事务模式。

在打开隐式事务模式之后，当 SQL Server 首次执行任何语句（CREATE,
DROP, OPEN, ALTER TABLE, INSERT, UPDATE, DELETE, SELECT, GRANT,
REVOKE，FETCH）时，都会自动启动一个事务；每个事务仍以 COMMIT
或 ROLLBACK 语句显式完成。在第一个事务被提交或回滚之后，当下次连
接执行这些语句中的任何语句时，SQL Server 都将自动启动一个新事务。

SQL Server 将不断地生成一个隐式事务链，直到隐式事务模式关闭为止。

3）自动提交事务

这是 SQL Server 的默认模式。每个单独的 T-SQL 语句都在其完成时被
提交或回滚（每条单独的语句都是一个事务）。不必指定任何语句控制事务。

当提交或回滚显式事务或关闭隐式事务模式时，SQL Server 将返回到
自动提交模式。

8.3.3 任务实施

运用事务处理，将刘恒（学号为 Z1300201）的班级变更为 J13002 班，
学号变更为 J1300250，同时更新成绩表中该学生的学号，以保证数据一致性。

1．禁用外键约束

为避免外键约束对操作的限制，首先禁用成绩表中的学号的外键约束，
参考代码如下。

```
ALTER TABLE score
NOCHECK CONSTRAINT FK_score_students
```

2．实现任务

参考代码如下。

```
DECLARE @err int
SET @err=0
```

```
BEGIN TRAN
UPDATE  students  SET  sno='J1300250', classid='J13002'       WHERE  sno='
Z1300201'
@err = @err + @@error
UPDATE score SET sno='J1300250'       WHERE sno='Z1300201'
@err = @err + @@error
IF @err>0
    BEGIN
        PRINT '发生错误，撤销修改'
        ROLLBACK TRAN
    END
ELSE
    BEGIN
        PRINT '修改完成，提交事务'
        COMMIT TRAN
    END
```

3. 启用外键约束

修改完成后，重新启用成绩表中的学号的外键约束，参考代码如下。

```
ALTER TABLE score
CHECK CONSTRAINT FK_score_students
```

视频讲解

△ 任务 8.4　创建查询成绩及格率的存储过程

8.4.1　任务描述

查询指定班级（提供班级编号）、指定课程（提供课程名称）的及格率，其中及格线可随时变化。要想使代码具有一定的通用性，在需要时可以直接通过名称调用，就需要用到存储过程的有关知识。

8.4.2　存储过程概述

1. 存储过程的概念

存储过程是一组为了实现特定功能的 T-SQL 语句集，经过编译后存储在数据库中，它是封装重复性任务的方法。

SQL Server 中的存储过程与其他编程语言中的过程类似，它可以包含任何数目和类型的 T-SQL 语句（CREATE DEFAULT、CREATE PROCEDURE、CREATE RULE、CREATE TRIGGER 和 CREATE VIEW 语句除外）；接受输入参数并以输出参数的形式，将多个值返回至调用过程或批处理；向调用过程或批处理返回状态值，以表明成功或失败；返回单个或多个结果集。

每个存储过程都用于实现特定功能，可以被应用程序调用，也可以被另一个存储过程调用。

2．存储过程的优点

存储过程具有以下优点。

（1）允许模块化的程序设计：存储过程一旦创建，以后即可在程序中调用任意多次。这可以改进应用程序的可维护性，并允许应用程序统一访问数据库。

（2）执行速度更快：存储过程只有在第一次执行时需要编译，之后再调用一般不需要再编译，所以具有更快的执行速度。

（3）减少网络通信流量：一个需要数百行 T-SQL 代码的操作可以通过一条执行过程代码的语句来执行，而不需要在网络中发送数百行代码。

（4）具有安全特性：用户可以被授予权限来执行存储过程，而不必直接对存储过程中引用的对象具有权限。

存储过程是数据库中的一个重要对象，任何一个设计良好的数据库应用程序都应该用到存储过程。

3．存储过程类型

存储过程有 3 种类型，即系统存储过程、扩展存储过程和用户自定义存储过程。

1）系统存储过程

系统存储过程是系统创建的存储过程，主要用于从系统表中获取信息。其存储在 master 数据库内，以 sp_前缀标识。

表 8-7 列出了一些常用的系统存储过程。

表 8-7 常用的系统存储过程

系统存储过程	说 明
sp_help	查看对象信息
sp_helpdb	查看数据库信息
sp_renamedb	修改数据库名称
sp_rename	修改对象名称

2）扩展存储过程

扩展存储过程以动态链接库（DLL）的形式实现，在 SQL Server 环境外执行。

3）用户自定义存储过程

用户根据特定的需要，在用户数据库内自己创建的存储过程。

8.4.3 创建和执行不带参数的存储过程

1．创建不带参数的存储过程

创建不带参数的存储过程的语法格式如下。

```
CREATE   PROC[EDURE]   过程名
 AS sql_statements
```

参数说明如下。

（1）CREATE PROCEDURE 可以简写为 CREATE PROC，它必须是一个批处理中的唯一语句。

（2）sql_statements 可以包括任何数目和类型的 T-SQL 语句，但不包括创建语句 CREATE DEFAULT、CREATE PROCEDURE、CREATE RULE、CREATE TRIGGER 和 CREATE VIEW。

2．执行不带参数的存储过程

语法格式如下。

```
EXEC[UTE]   过程名
```

说明：EXECUTE 可以简写为 EXEC，如果执行存储过程是批处理中的第一条语句，那么不使用 EXECUTE 关键字也可以执行该存储过程。

【例 8-11】利用存储过程查询 J13001 班高等数学的及格人数。

创建的代码如下。

```
CREATE PROC   p_pass
AS
SELECT  及格人数=Count(*)
FROM   courses c, score sc, students s
WHERE   c.cno=sc.cno   AND s.sno=sc.sno   AND
classid ='J13001' AND cname='高等数学'   AND grade>=60
GO
```

执行的代码如下。

```
EXEC   p_pass
```

如果想查询其他班级或其他课程的及格人数，是不是还要编写不同的存储过程呢？

解决这类问题需要使用参数。参数用于在存储过程和调用存储过程的对象之间交换数据。输入参数允许调用方将数据值传递到存储过程。输出参数允许存储过程将数据值传递回调用方。

每个存储过程还可以向调用过程或批处理返回一个整型状态值，以表明成功或失败。

下面介绍创建和执行带参数和返回值的存储过程。

8.4.4　创建和执行带输入参数的存储过程

1．创建带输入参数的存储过程

语法格式如下。

```
CREATE PROC [ EDURE ] 过程名
  [ { @parameter    data_type }[ = default ]
[ , ...n ] ]
AS
T-SQL 语句
```

参数说明如下。

（1）@parameter：过程中的参数。在 CREATE PROCEDURE 语句中可以声明一个或多个参数。用户必须在执行过程时提供每个所声明参数的值（除非定义了该参数的默认值）。

（2）default：参数的默认值。如果定义了默认值，不必指定该参数的值即可执行过程。默认值必须是常量或 NULL。如果过程将对该参数使用 LIKE 关键字，那么默认值中可以包含通配符（%、_、[]和[^]）。

【例 8-12】创建存储过程，完成计算指定班级（提供班级编号）指定课程（提供课程名称）的及格人数的功能。其中，及格线可以变化。

分析：需要两个输入参数，代表班级编号和课程名称，由于及格线可随时变化，所以还需再定义一个输入参数代表及格分数，默认为 60。

对应的代码如下。

```
CREATE PROC p_varpass
@class char(6),
@course_name nvarchar(20),
@passgrade int=60
AS
SELECT COUNT(*)
FROM    courses c, score sc, students s
WHERE    c.cno=sc.cno    AND s.sno=sc.sno    AND
classid =@class AND cname=@course_name    AND grade>=@passgrade
GO
```

2．执行带输入参数的存储过程

执行带输入参数的存储过程需要传递参数值，传递参数值有两种方式。

1）使用参数名传递参数值

在 EXECUTE 语句中以"@参数名=值"的格式指定参数，称为通过参数名传递。一旦使用@parameter = value 格式，所有后续的参数就必须以这种格式传递，语法格式如下。

```
EXEC[UTE]    过程名    @parameter=value | DEFAULT [,...n]
```

参数说明如下。

（1）value：传递给模块或传递命令的参数值。

（2）DEFAULT：根据模块的定义，提供参数的默认值。也就是说，如果执行时参数的值指定为 DEFAULT 关键字,则参数的值就使用创建存储过程时为参数设定的默认值。

当通过参数名传递值时，可以按任何顺序指定参数值，并且可以省略允许空值或具有默认值的参数。

2）按位置传递参数值

语法格式如下。

```
EXEC[UTE]    过程名 {value | DEFAULT} [,...n]
```

说明如下。

参数值必须按照参数在创建存储过程语句中的定义，顺序列出。

可以忽略有默认值的参数，但不能中断次序。

调用上述存储过程，查询 J13001 班高等数学的及格人数，及格分数为60 分。

对应的代码如下。

```
--通过参数名传递
    EXEC p_varpass @class='J13001', @course_name='高等数学'
--通过位置传递
    EXEC p_varpass 'J13001', '高等数学', DEFAULT
```

8.4.5   创建和执行带输出参数的存储过程

1．创建带输出参数的存储过程

语法格式如下。

```
CREATE PROC [ EDURE ] 过程名
[ { @parameter data_type }[ = default ] [OUTPUT] ]
[ , ...n ]
AS
T-SQL 语句
 [, ...n ]
```

参数说明如下。

OUTPUT：表明参数是输出参数。该选项的值可以返回给 EXEC[UTE]。使用输出参数，可将信息返回给调用过程。

2．执行带输出参数的存储过程

语法格式如下。

```
EXEC [ UTE ]   过程名
[ @parameter = ] { value | @variable [ OUTPUT ] | [ DEFAULT ] }
 [ ,...n ]
```

参数说明如下。

@parameter =@variable OUTPUT：将输出参数的值返回给局部变量 @variable（必须事先已声明），OUTPUT 关键字指明它为传递输出参数。

【例 8-13】创建存储过程，改进例 8-12，完成计算指定班级（提供班级编号）指定课程（提供课程名称）的及格人数的功能，同时要求返回及格人数。其中，及格线可以变化。

分析：将及格人数存放在输出参数中。

```
Create PROCEDURE p_varpassout
@class Char(6),
@course_name Nvarchar(20),
@passgrade Int=60,
@pass int OUTPUT
AS
SELECT @pass =COUNT(*)
FROM    courses c, score sc, students s
WHERE   c.cno=sc.cno   And s.sno=sc.sno   And classid =@class
And cname=@course_name   And grade>=@passgrade
GO
```

调用上述存储过程，显示 J13001 班高等数学的及格人数，及格分数为 60 分。

```
DECLARE @passnum    int
Exec p_varpassout   'J13001', '高等数学', DEFAULT, @passnum   OUTPUT
SELECT   @passnum
```

8.4.6　创建和执行具有返回值的存储过程

每个存储过程向调用方返回一个整数返回代码，以表明成功或失败（以及失败原因）。如果存储过程没有显式设置返回代码的值，则返回代码为 0。

返回值是在创建存储过程的 SQL 语句中含 RETURN 表达式。

若没有写 RETURN 语句，默认返回 0。

执行具有返回值的存储过程的语法格式如下。

```
EXECUTE @return_status =过程名
 [ @parameter = ] { value | @variable [ OUTPUT ] | [ DEFAULT ] } [ ,...n ]
```

参数说明如下。

@ return_status：存储过程的返回状态。

【例 8-14】创建一个存储过程，完成功能：插入一条由参数提供的学生记录，其中性别默认为"男"。如果插入成功，返回 0，否则返回 1。

对应的代码如下。

```
Create PROCEDURE p_insert
@stu_id char(8),@stu_name nchar(8),
```

```
@stu_gender nchar(1)='男',@stu_class char(6),
@stu_birthday date,@stu_phone char(13),
@stu_nation nvarchar
AS
Insert students(sno,sname,gender,classid,birthday,phone,nation)
Values(@stu_id,@stu_name,@stu_gender,@stu_class, @stu_birthday, @stu_phone,
@stu_nation)
   IF   @@error=0
      Return 0
   ELSE
      Return 1
Go
```

调用上述存储过程，通过代码向 students 表插入一条记录。

```
DECLARE @re int
EXEC @re=p_insert   'J1300150', '王阳', default, 'J13001', '1997-7-7','13763254857',
'汉族'
IF @re=0
   Print '插入成功'
ELSE
    Print '插入失败'
```

8.4.7　管理存储过程

管理存储过程主要包括对存储过程的查看、修改、重命名和删除。这些操作都有两种实现方式，即使用 SSMS 管理存储过程和使用 T-SQL 管理存储过程。

1. 使用 SSMS 管理存储过程

使用 SSMS 对存储过程进行管理的方法在这里统一介绍。在"对象资源管理器"中，展开具体的数据库节点，再继续展开其下的"可编程性"节点，右击"存储过程"节点，在弹出的快捷菜单中选择"新建存储过程"命令，可新建存储过程，如图 8-10 所示。展开"存储过程"节点，右击具体要操作的存储过程节点，在弹出的快捷菜单中选择"修改"命令、"重命名"命令或"删除"命令，可进行存储过程的修改、重命名和删除操作，如图 8-11 所示。

2. 使用 T-SQL 管理存储过程

1）查看存储过程

使用系统存储过程 sp_helptext 查看存储过程的定义，语法格式如下。

```
sp_helptext   '过程名'
```

图 8-10　选择"新建存储过程"命令

图 8-11　选择"修改"命令

2）修改存储过程

修改存储过程的 T-SQL 语句是 ALTER PROCEDURE，语法格式如下。

```
ALTER   PROC [ EDURE ]   过程名
  [ { @parameter data_type }[ = default ] [OUTPUT]] [ ,...n ]
  [WITH RECOMPILE |ENCRYPTION| RECOMPILE, ENCRYPTION]
AS    SQL 语句  [, ...n ]
```

3）重命名存储过程

使用系统存储过程 sp_rename 重命名对象，语法格式如下。

```
sp_rename    '对象原名称', '新名称'
```

4）删除存储过程

使用 DROP PROCEDURE 语句删除存储过程，语法格式如下。

```
DROP   PROC[EDURE ] 过程名
```

8.4.8　任务实施

创建存储过程，完成计算指定班级（提供班级编号）指定课程（提供课程名称）的及格率的功能。

思路：定义两个输入参数，分别表示班级编号和课程名称，因为及格线需要变化，所以，再定义一个输入参数表示及格分数，默认值为 60。定义一个输出参数及格率。因为及格率=及格人数/参加考试人数，所以需要查询出及格人数和参加考试人数，并分别存储在局部变量中。最后给输出参数及格率赋值。

（1）实现代码如下。

```
Create PROCEDURE p_passratio
@class Char(6),@course_name Nvarchar(20),@passgrade Int=60,
@ratio Float Output
As
DECLARE   @total Int, @pass Int
SELECT @total=Count(grade)
FROM   courses c, score sc, students s
WHERE c.cno=sc.cno   And s.sno=sc.sno   And
            classid =@class   And   cname=@course_name
SELECT @pass=Count(*)
FROM   courses c, score sc, students s
WHERE   c.cno=sc.cno   And s.sno=sc.sno   And
          classid =@class And cname=@course_name   And grade>=@passgrade
SET @ratio=Cast(@pass as float)/@total
Go
```

其中，Cast 为数据类型转换函数。

（2）调用存储过程，统计 J13001 班高等数学的及格率，及格线为 60 分。实现代码如下。

```
DECLARE @ratio float
Exec p_passratio 'J13001','高等数学',Default,@ratio Output
SELECT @ratio
```

当然，可以利用这个存储过程计算任意班任意课程的及格率。

视频讲解

⚠ 任务 8.5　使用触发器记录操作日志

在 SQL Server 中，可以用两种方法保证数据的有效性和完整性，即约束和触发器。约束是直接设置于数据表内的，只能实现一些简单的要求，例如，字段数据的默认值、字段的取值范围、唯一性、主键、外键等。触发器是针对数据表的特殊的存储过程，当对某张表执行诸如 INSERT、UPDATE、DELETE 操作时，会自动激活执行，处理一些复杂操作，保证数据处理的业务规则。

8.5.1　任务描述

当对成绩表进行插入、修改和删除操作时，要将相关操作的信息记录在一张日志表中，记录所执行的操作、操作时间、用户名和机器名。

8.5.2　相关知识

1. 触发器应用场景

我们来看一个典型的应用，银行的取款机系统。

每张银行卡会有一条账户信息，包括账号、姓名、账户余额，记录在 Card 表中（同 8.3 节）；还有一张交易信息表，记录账户的交易信息，包括账号、交易时间、交易类型（存入或支取）、交易金额等。

在进行取款或存款时，将交易信息记录到交易信息表中（即向交易信息表插入记录），同时需要自动修改账户信息表的余额，使用触发器就可以很好地解决这类问题，如图 8-12 所示。

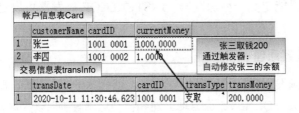

图 8-12　取款机业务示意图

2. 触发器概述

触发器是一类特殊的存储过程，主要被定义为在对特定表或视图发出 UPDATE、INSERT 或 DELETE 语句时，自动执行。

触发器具有以下特点。

（1）与特定表或视图关联。触发器定义在特定的表或视图上，和触发器关联的表或视图称为触发器表或触发器视图。

（2）自动调用。当试图在某张表插入、更新或删除数据，且在那张表上定义了针对所做动作的触发器，那么触发器会自动执行。

（3）不能被直接调用。不像普通的存储过程，触发器不能被直接调用，也不传递或接受参数。

（4）是一个事务的部分。触发器及触发它的语句被视为单个事务，可以在触发器内的任何地方被回滚。

触发器的主要作用是强制实施数据完整性和业务规则。这点和约束一样。不过，约束直接设置于表内，只能实现一些比较简单的功能操作，例如实现数据有效性检查、确保记录的唯一性等。触发器是定义在表上的特殊的存储过程，可以容纳非常复杂的 SQL 语句，能实现更复杂的功能。

3. 触发器的类型

触发器主要有两大类型，即 DDL 触发器和 DML 触发器。

（1）DDL 触发器。当服务器或数据库中发生数据定义语言（DDL）事件时触发。

（2）DML 触发器。当数据库中发生数据操作语言（DML）事件时触发，是最常用的触发器。DML 事件包括在指定表或视图中修改数据的 INSERT 语句、UPDATE 语句和 DELETE 语句。如果在指定的表或视图上针对 INSERT、UPDATE、DELETE 定义了 DML 触发器，则当执行对应操作后，DML 触发器会自动触发。

根据触发器和触发操作的关系，DML 触发器又可以分为 AFTER 触发器和 INSTEAD OF 触发器。

① AFTER 触发器。在执行了 INSERT、UPDATE 或 DELETE 语句中的某一操作之后，触发 AFTER 触发器，其只能在表上指定。

② INSTEAD OF 触发器。执行 INSTEAD OF 触发器代替触发操作，但同一种操作只能定义一种触发器。INSTEAD OF 触发器可以定义在表或视图上。

4．触发器原理

系统为触发器定义了两种特殊的表，即插入表（Inserted 表）和删除表（Deleted 表）。SQL Server 会自动创建和管理这两种临时表。触发器触发时，系统自动在数据库服务器的内存中创建 Inserted 表或 Deleted 表。触发器工作完成，这两张表也被自动删除。

插入表和删除表的结构与触发器表的结构是完全一致的。对于插入操作来说，插入表中存放的是插入的新记录。对于删除操作来说，删除表中存放删除的记录。对于更新操作来说，删除表中存放更新前的记录，插入表中存放更新后的记录。详细的存放信息如表 8-8 所示。

表 8-8 Inserted 表和 Deleted 表存放的信息

操 作 类 型	Inserted 表	Deleted 表
增加（INSERT）记录	存放新增的记录	------
删除（DELETE）记录	------	存放被删除的记录
修改（UPDATE）记录	存放更新后的记录	存放更新前的记录

AFTER（也称为 FOR）触发器的执行过程，如图 8-13 所示。

记录触发语句是指，当触发语句是 INSERT 时，将新记录插入 Inserted 表中；当触发语句是 DELETE 时，则将删除的记录插入 Deleted 表中；当触发语句是 UPDATE 时，则将原记录插入 Deleted 表中，将修改后的记录插入 Inserted 表中。

INSTEAD OF 触发器的执行过程，如图 8-14 所示。

图 8-13 AFTER 触发器执行过程

图 8-14 INSTEAD OF 触发器执行过程

5．触发器的创建

创建触发器的语句为 CREATE TRIGGER，语法格式如下。

```
CREATE   TRIGGER   触发器名
ON  表名或视图名
{FOR | AFTER | INSTEAD OF}   {[DELETE] [,][INSERT][,][UPDATE]}
AS
    [{ IF   UPDATE ( column )  [ { AND | OR } UPDATE ( column ) ]
      [ ...n ]
    }]
    SQL 语句
```

参数说明如下。

（1）表名或视图名：对执行 DML 触发器的表或视图，称为触发器表或触发器视图。

（2）FOR | AFTER：AFTER 用于说明在触发操作都成功执行后，触发器才执行。FOR 和 AFTER 的作用相同。不能对视图定义 AFTER 触发器。

（3）INSTEAD OF：指定用触发器中的操作代替触发语句的操作，即不执行触发语句。

（4）{ [DELETE] [,] [INSERT] [,] [UPDATE] }：指定激活触发器的语句类型，必须至少指定一个选项，INSERT 表示将新行插入表时激活触发器，UPDATE 表示更改某一行时激活触发器，DELETE 表示从表中删除某一行时激活触发器。在触发器定义中允许使用上述选项的任意组合。

（5）IF UPDATE (column)：测试在指定的列上进行的 INSERT 或 UPDATE 操作，不能用于 DELETE 操作。

（6）SQL 语句：触发器操作的 T-SQL 语句。

【例 8-15】不允许删除课程信息表中记录。

方法 1：使用 INSTEAD OF 类型。

```
CREATE TRIGGER tr_nodelete
ON courses
INSTEAD OF   DELETE
AS
 PRINT '不允许删除课程信息表中记录'
```

方法 2：使用 AFTER 类型。

```
CREATE TRIGGER tr_nodelete
ON courses
FOR DELETE
AS
 PRINT '不允许删除课程信息表中记录'
 ROLLBACK
```

说明：触发器和激活它的语句作为一个事务处理。

【例 8-16】当课程信息表中的课程号值发生变化时，学生成绩表中对应的课程号值做相同的更新（注意先禁用成绩表中的外键约束）。

对应的代码如下。

```
CREATE TRIGGER    tr_course_update
ON courses FOR    UPDATE
AS
 IF (UPDATE(cno))
  BEGIN
   UPDATE   score
   SET cno=(SELECT cno FROM    Inserted )
   WHERE    cno=(SELECT    cno FROM Deleted)
  END
```

6. 触发器的管理

管理触发器主要包括对触发器的查看、修改、禁止、启用、重命名和删除。这些操作都有两种实现方式，即使用 SSMS 管理触发器和使用 T-SQL 管理触发器。

1）使用 SSMS 管理触发器

在"对象资源管理器"中，展开具体的表节点，再继续展开其下的"触发器"节点。右击具体的触发器对象节点，在弹出的快捷菜单中选择"修改"命令，如图 8-15 所示，在右边的文本编辑器中显示该触发器的定义文本，修改后单击工具栏上的"执行"按钮，修改完成。选择"禁用"命令、"启用"命令和"删除"命令，进行禁用、启用和删除触发器操作。

图 8-15　选择"修改"命令

2）使用 T-SQL 管理触发器

（1）查看触发器。使用系统存储过 sp_help 查看触发器的信息，使用系统存储过程 sp_helptext 显示触发器的定义，语法格式如下。

```
sp_help    '触发器名称'
sp_helptext    '触发器名称'
```

（2）修改触发器。使用 T-SQL 修改触发器的语句为 ALTER TRIGGER，其内容与创建触发器相同，语法格式如下。

```
ALTER   TRIGGER   trigger_name
ON table|view
{FOR|AFTER|INSTEAD OF}   {[DELETE] [,][INSERT][,][UPDATE]}
AS
 sql_statement [ ,...n ]
```

（3）禁用和启用触发器。利用 ALTER TABLE 语句可以禁用和启用触发器，语法格式如下。

```
ALTER   TABLE 表名
{ENABLE | DISABLE} TRIGGER {ALL | 触发器名}
```

（4）删除触发器。语法格式如下。

```
DROP TRIGGER 触发器名
```

8.5.3　任务实施

任务：当对成绩表进行插入、修改和删除操作时，要将相关操作的信息记录在一张日志表中，记录所执行的操作、操作时间、用户名和机器名。

```
-- 创建日志表 logTable
    CREATE TABLE logTable
    ( opttype char(10),
     optdate datetime,
     username char(30),
     machine char(30)
     )

--创建触发器，根据 Inserted 表和 Deleted 表判断触发操作类型
    CREATE TRIGGER tri_score
    ON score
    FOR DELETE, UPDATE, INSERT
    AS
    BEGIN
        DECLARE @opt char(10)
        IF exists(SELECT * FROM inserted) AND (not exists(SELECT * FROM
deleted))
            SET @opt='INSERT'
        ELSE
            IF  exists(SELECT  *  FROM  inserted)  AND  exists(SELECT  *
FROM deleted)
                SET   @opt='UPDATE'
            ELSE SET @opt='DELETE'
    INSERT INTO logTable(opttype, optdate, username, machine)
    VALUES(@opt,GETDATE(),system_user,host_name())
    END
--插入测试数据
    INSERT INTO SCORE(cno, sno, grade) VALUES('0102005','Z1300203',99)
--查看 logTable 表中的内容
    SELECT * FROM logTable
```

显示效果如图 8-16 所示。

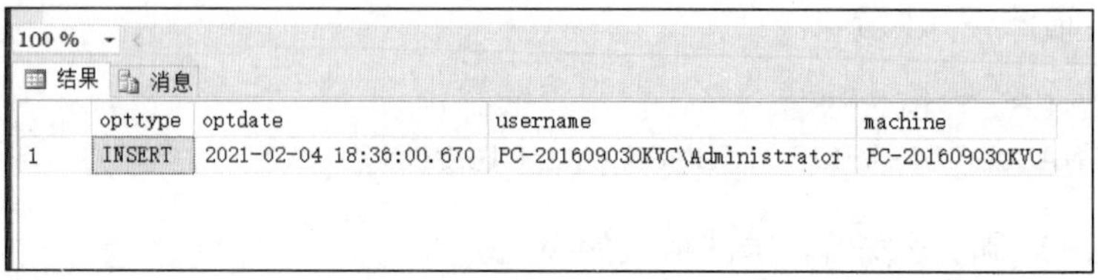

图 8-16 日志内容

任务 8.6 实训

8.6.1 训练目的

（1）熟练掌握 T-SQL 的语法基础。
（2）熟练掌握 T-SQL 流程控制语句。
（3）熟练掌握存储过程的创建和执行。
（4）熟练掌握触发器的创建和维护。
（5）学会使用存储过程处理复杂业务。

8.6.2 训练内容

（1）在学生成绩管理系统中，创建存储过程，实现更改用户密码的功能（提示：先判断提供的旧密码是否和数据库中指定用户的密码一致，如果一致才能更改）。

（2）查询"孙俊明"的"SQL Server 数据库应用技术"课程是否通过，如果成绩不低于 60 分，则显示"通过"，否则显示"需重考"。

（3）从包括学号、姓名、课程号、课程名称、成绩的视图 v_studentgrade 中，查询学生考试情况，成绩为空者输出"未考"，小于 60 分输出"不及格"，60 分至 69 分输出"及格"，70 分至 89 分输出"良好"，90 分以上输出"优秀"。

◉ 提示：
① 如果数据库中没有视图 v_studentgrade，则要先创建它。
② 使用 CASE WHEN 语句。

（4）创建存储过程，用来实现转账业务，调用存储过程，实现将 1001 账户上的 500 元转入 1002 账户。

（5）创建触发器，实现银行系统中跟踪用户的交易，若交易金额超过 20000 元，则取消交易，并给出错误提示。

8.6.3 参考代码

```
--第 1 题参考代码
USE stuscore
GO
--创建 users 表
CREATE TABLE users(
    login char(10) primary key,
    pwd char(10) not null unique
)

    --向 users 表插入 4 条数据
    INSERT INTO users VALUES ('100001','111')
    INSERT INTO users VALUES ('100002','222')
    INSERT INTO users VALUES ('100003','333')
    INSERT INTO users VALUES ('100004','444')

    -- 创建存储过程，修改密码
    CREATE PROCEDURE p_changepwd
            @loginid char(10),@oldpwd char(10),
            @newpwd char(10),@result int Output
      As
            DECLARE @databasepwd char(10)
            SELECT @databasepwd=pwd
            FROM users
            WHERE login=@loginid
      IF @databasepwd=@oldpwd
        BEGIN
            UPDATE users   SET pwd=@newpwd
            WHERE login=@loginid
            SET @result=0
        END
      ELSE
          SET @result=1
Go

--调用存储过程
 DECLARE @reut int
 EXEC p_changepwd '100004','444','400',@reut output
 PRINT @reut

--查看表中数据发现用户 100004 的密码已由 444 改为 400
 SELECT * FROM users

--第 2 题参考代码
```

⊙ **提示：**利用查询语句查询学生的成绩，放入一个局部变量中，再利用 IF 语句进行判断。

拓展：如何查询指定学生姓名和课程名称的成绩是否合格？

```
use stuscore
GO
declare @grade int,@step char(1)
SELECT @grade=grade
FROM (score sc inner join students st on sc.sno=st.sno)
        join courses c on sc.cno=c.cno
where st.sname='孙俊明' and c.cname='SQL Server 数据库应用技术'
IF @grade IS NULL
    PRINT '未找到该生成绩！'
ELSE IF @grade>=60
    PRINT '通过考试'
ELSE
    PRINT '需要重考'

--第 3 题参考代码
use stuscore
GO
--首先创建视图
CREATE view   v_studentgrade
as
SELECT st.sno,sname,c.cno,cname,grade
FROM   score sc inner join students st on sc.sno=st.sno
join courses c on sc.cno=c.cno

--再在视图中查询数据
SELECT 学号=sno, 姓名=sname, 课程号=cno, 课程名称=cname, 成绩=
    case
          when grade IS null   then   '未考'
          when grade<60       then   '不及格'
          when grade between 60 and 69   then   '及格'
          when grade>=70 and grade<=89   then   '良好'
          when grade>=90   then '优秀'
    end
    FROM V_studentgrade

SELECT 学号=sno, 姓名 sname, 课程编号=cno, 课程名=cname, 成绩=
    case
              when grade IS null   then   '未考'
              when grade<60       then   '不及格'
              when grade between 60 and 69   then   '及格'
              when grade>=70 and grade<=89   then   '良好'
```

```
              when grade>=90    then    '优秀'
          end
FROM V_studentgrade

--第 4 题参考代码
--账户信息存储在 moneycard 表中
--cardno 账号，username 用户名，currentmoney 账户余额（要求必须>=1）
--创建 moneycard 表
create table moneycard
(cardno char(3) primary key,
 username char(10),
 currentmoney decimal(10,2) check(currentmoney>=1)
)

--在 moneycard 表中插入两行数据
insert into moneycard values('1001','张三',1000);
insert into moneycard values('1002','李四',1);

--通过代码实现转账
create procedure tranfmoney
@cardout char(3), --转出账号
@cardin char(3),   --转入账号
@money decimal(8,2), --转账金额
@err int output --返回值，若为 0 则表示转账成功，否则转账失败
as
begin
set @err=0
begin tran
 update moneycard set currentmoney=currentmoney-@money where cardno=
@cardout
 set @err=@err+@@error
 update moneycard set currentmoney=currentmoney+@money where cardno=
@cardin
 set @err=@err+@@error
IF @err<>0
    rollback tran
ELSE
    commit tran
end
--调用存储过程，实现将 1001 账户上的 500 元转入 1002 账户
declare @myerror int
EXEC tranfmoney '1001','1002',500,@myerror output
IF @myerror<>0
 PRINT 'fail'
ELSE
```

```
PRINT 'sucessful'

--第 5 题参考代码
CREATE TRIGGER trig_update_card     ON moneycard
 FOR UPDATE
as
 DECLARE    @beforeMoney MONEY,@afterMoney MONEY
 SELECT @beforeMoney=currentMoney FROM deleted
 SELECT    @afterMoney=currentMoney FROM inserted
 IF    ABS(@afterMoney-@beforeMoney)>20000
  BEGIN
   PRINT '交易金额:'+convert(varchar(8), ABS(@afterMoney-@beforeMoney))
    RAISERROR ('每笔交易不能超过 2 万元，交易失败',16,1)
   ROLLBACK TRANSACTION
END
```

🔺 课后习题

一、选择题

1. 下面 SQL Server 标识符，正确的是（   ）。
   A. 2x   B. _mybase
   C. $money   D. trigger

2. 局部变量的声明语句是（   ）。
   A. DECLARE   B. SET
   C. SELECT   D. PRINT

3. 已声明一个局部变量@n，能对该变量正确赋值的语句是（   ）。
   A. @n='HELLO'   B. SELECT @n='HELLO'
   C. SET @n=HELLO   D. SELECT @n=HELLO

4. SQL Server 提供的单行注释语句是使用（   ）开始的一行内容。
   A. "/*"   B. "--"   C. "{"   D. "/"

5. 在 SQL SERVER 中局部变量前面的字符为（   ）。
   A. *   B. #   C. @@   D. @

6. 在 WHILE 循环语句中，如果循环体语句条数多于一条，必须使用
（   ）。
   A. BEGIN…END   B. CASE…END
   C. IF…THEN   D. GOTO

7. 以下运算符中，优先级最低的是（   ）。
   A. +（加）   B. =（等于）
   C. like   D. =（赋值）

8. 表达式 Datepart(yy,'2021-3-12')+2 的结果是（   ）。

A. '2021-3-14'   B. '2021-5-12'

C. '2023-3-12'   D. 2023

9. 声明了变量 declare @i int,@c char，现在为@i 赋值 10，为@c 赋值 'abcd'，正确的语句是（   ）。

     A. set @i=10,@c='abcd'

     B. set i=10, set @c='abcd'

     C. SELECT @i=10,@c='abcd'

     D. SELECT @i=10, SELECT @c='abcd'

10. 下列说法中正确的是（   ）。

     A. SQL 中局部变量可以不声明就使用

     B. SQL 中全局变量必须先声明再使用

     C. SQL 中所有变量都必须先声明后使用

     D. SQL 中只有局部变量先声明后使用；全局变量由系统提供，用户不能自己建立

11. 存储过程是一组预先定义并（   ）的 T-SQL 语句。

     A. 保存   B. 编译

     C. 解释   D. 编写

12. 创建存储过程，使用命令（   ）。

     A. CREATE PROCEDURE   B. DROP PROCEDURE

     C. ALTER PROCEDURE   D. 以上选项都不对

13. 可以响应 INSERT 语句的触发器是（   ）。

     A. INSERT 触发器   B. UPDATE 触发器

     C. DELETE 触发器   D. DDL 触发器

14. 以下（   ）事件不能激活 DML 触发器的执行。

     A. SELECT   B. UPDATE

     C. INSERT   D. DELETE

15. 删除触发器，使用命令（   ）。

     A. CREATE TRIGGER   B. DROP TRIGGER

     C. ALTER TRIGGER   D. 以上选项都不对

二、填空题

1. T-SQL 语言中变量分为两种，即全局变量和局部变量。其中，全局变量的名称以_____字符开始，由系统定义和维护；局部变量以_____字符开始，由用户自己定义和赋值。

2. T-SQL 语言中，有_____运算、字符串连接运算、比较运算和_____运算。

3. 注释包括两种形式，分别为_____和_____。

4. _____是 SQL 程序中最小的工作单元，要么成功完成所有操作；

要么失败，并将所作的一切还原。

5. 语句"SELECT day('2015-7-6'), len('我们快放假了.')"的执行结果是_____和_____。

6. 脚本文件的扩展名是_____。

7. 批处理以_____语句作为结束标志。

8. 一个事务的操作必须具备 4 个属性，即原子性、_____、_____和持久性。

9. 事务分为 3 类，即_____、_____和自动提交事务。

10. 用于启动事务的语句是_____，用于结束事务的语句是_____和_____。

11. 每个存储过程可以包含_____条 T-SQL 语句，可以在过程体中的任何地方使用_____语句结束过程的执行，返回到调用语句后的位置。

12. 建立一个存储过程的语句关键字为_____，执行一个存储过程的语句关键字为_____。

13. 触发器按照被激活的时机分为_____和_____。

14. 触发器有 3 种类型，即 INSERT 类型、_____和_____。

15. 触发器被激活时，系统会自动创建两张临时表，分别是_____和_____。

三、编程题

1. 在学生管理数据库中，查询是否有学生的平均成绩低于 60 分，如果有，则输出学生人数，没有则输出"不存在"的信息。

2. 创建存储过程，用于计算某门课程成绩最高分、最低分、平均分，输入参数为课程号。

3. 创建存储过程，用于统计某门课程的选修人数，输入参数为课程号，输出选修人数。

4. 创建存储过程，要求根据学生姓名查看学生的籍贯。

5. 创建触发器，功能是在 Students 表中修改某名学生的学号，同时将该学号更新到成绩表 score 中。

6. 创建一个触发器，当在 Students 表中删除一名学生的信息，同时将该学生的成绩删除。

第 9 章

数据库安全管理

知识目标

❑ 了解 SQL Server 的安全机制和安全管理模型。
❑ 掌握 SQL Server 登录认证方式。
❑ 掌握权限和角色的概念。
❑ 了解数据库安全的重要性以及常见安全策略。

能力目标

❑ 掌握登录名的创建与管理。
❑ 掌握数据库用户的创建与管理。
❑ 掌握数据库角色的创建与管理。
❑ 综合设置安全策略，保证数据库安全。
❑ 掌握数据库备份与恢复。
❑ 数据库中数据的导入与导出。

任务 9.1　创建登录账户

视频讲解

9.1.1　任务描述

（1）为 Windows 用户 user1 创建 Windows 验证的登录账户，并设置默认数据库为系统数据库 master。

（2）创建 SQL Server 验证的登录账户，登录名为 TestUser，并设置默认数据库为学生成绩管理数据库 StuScore。

完成上述任务，需要了解 Windows 的用户安全认证方式。

9.1.2　相关知识

1. SQL Server 的安全机制

我们可以想象一下一个住宅小区的安全管理。第一关，需要通过小区的门卫检查，进入小区；第二关，进入小区后，需要单元门的钥匙或者密码；第三关，进入单元门后，还需要房间钥匙，才能进入房间。

数据库就像小区一样，既要保证合法用户的访问，同时又要防止非授权用户的非法操作。SQL Server 提供了有效的安全管理模式，类似于小区的 3 道关卡。

第一关：需要登录 SQL Server 系统，在登录时，系统需要对其身份进行验证，被认为是合法时，才能登录到 SQL Server 系统。

第二关：需要访问某个数据库，即需要成为该数据库的用户。

第三关：需要访问数据库中的对象时，系统要检查用户是否具有访问数据库对象的权限（例如，对表的查看、增加、修改、删除等权限，对存储过程的执行、修改权限等），经过语句许可权限的验证，才能实现对数据库对象的操作。

以下是 SQL Server 安全机制的 3 个等级。

1）SQL Server 服务器的安全性

SQL Server 的服务器级安全性建立在控制服务器登录账号和密码的基础上。SQL Server 采用了 SQL Server 登录和 Windows 登录两种方式，无论使用哪种方式登录，用户在登录时提供的登录账号和密码决定了用户能否获得 SQL Server 的访问权，以及在获得访问权以后，用户在访问 SQL Server 进程时可以拥有的权限。管理和设计合理的登录方式是 SQL Server 安全机制中的第一道防线。

2）数据库的安全性

在用户通过 SQL Server 服务器的安全性检查后，将直接面对不同的数据库入口。这是用户将接受到的第二次安全性检查。

在建立用户的登录账号信息时，SQL Server 会提示用户选择默认的数据库，以后用户每次连接服务器后，都会自动转到默认的数据库。对任何用户来说，master 数据库总是打开的，如果在设置账号时没有指定默认数据库，则用户的权限将局限在 master 数据库内。但是由于 master 数据库存储了大量的系统信息，对系统的安全和稳定起着至关重要的作用，所以建议用户在建立新的登录账号时，最好不要将默认的数据库设置为 master 数据库，而是将默认数据库设置在具有实际操作意义的数据库上。

在默认情况下，数据库的拥有者（Owner）可以访问该数据库的对象，分配访问权限给别的用户，以便让别的用户也拥有针对该数据库的访问权限。

3）SQL Server 数据库对象的安全性

数据库对象的安全性是核查用户权限的最后一道门。在创建数据库对象时，SQL Server 自动把该数据库对象的拥有权赋予该对象的创建者，当一个非数据库拥有者想访问数据库内的对象时，必须事先由数据库拥有者赋予用户对指定对象执行特定操作的权限。

例如，一个用户想访问 StuScore 数据库中的 students 表中的信息，则必须在成为数据库用户的前提下，获得由数据库拥有者（Owner）或具有权限的管理员分配给的 students 表的访问权限。

2．登录身份验证

1）Windows 身份验证

SQL Server 数据库系统通常安装在 Windows 服务器上，Windows 系统本身具有管理登录、验证用户合法性的功能，因此 Windows 验证模式直接使用 Windows 的用户名和密码进行身份验证，我们称为"信任连接"，是默认的身份验证模式。

2）SQL Server 身份验证

在该认证模式下，用户在连接 SQL Server 时必须使用登录名和密码，并且与 Windows 的登录账号无关，SQL Server 自行进行认证处理，建立"非信任连接"。

根据支持验证方式的不同，SQL Server 支持两类登录身份验证，分别是 Windows 身份验证和混合模式身份验证。

在远程连接时，会无法登录 Windows 身份验证，对于需要远程访问的应用系统，要设置数据库为混合模式身份认证。

SQL Server 服务器身份模式设置步骤如下。

（1）系统管理员用户以 Windows 身份验证方式登录 SQL Server。

（2）在"对象资源管理器"的根节点，单击鼠标右键，在弹出的快捷菜单中选择"属性"命令，如图 9-1 所示。

（3）系统将弹出"服务器属性"窗口，选择左侧的"安全性"选项，在右侧选中"SQL Server 和 Windows 身份验证模式"单选按钮，然后单击"确定"按钮，保存选择，如图 9-2 所示。

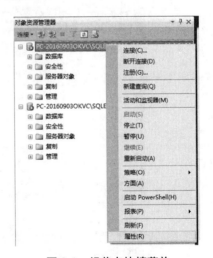

图 9-1　根节点快捷菜单

9.1.3　任务实施

1．使用图形化界面方式创建登录名

任务 1：使用 SSMS 创建 Windows 认证的登录账户，设置默认数据库为 StuScore，并设置该用户相应权限。操作步骤如下。

图 9-2 服务器属性

（1）使用 Windows 身份验证模式登录 SQL Server。

（2）在"对象资源管理器"中展开"安全性"节点，右击节点下面的"登录名"，在弹出的快捷菜单中选择"新建登录名"命令，系统将弹出"登录名-新建"窗口，如图 9-3 所示。

图 9-3 "登录名-新建"窗口

（3）单击右侧的"搜索"按钮，打开如图 9-4 所示的"选择用户或组"

对话框，在"输入要选择的对象名称"文本框中输入要创建 SQL Server 登录的 Windows 用户（假设为 User1），单击"检查名称"按钮，然后单击"确定"按钮。

图 9-4　"选择用户或组"对话框

（4）对于 Windows 用户作为登录名，不需要设置登录密码。

（5）展开"默认数据库"后的下拉列表，选择数据库，从而为登录名设置默认数据库，如图 9-5 所示。

图 9-5　选择用户并设置默认数据库

通常系统默认为 master 数据库，将默认数据库设置为该用户使用最多的数据库，会提高用户的操作效率。当用户打开 SQL 脚本编辑器时，当前数据库的操作对象就是登录名对应的默认数据库。这样不容易与 master 数据库混乱操作，从而不会造成在错误的数据库中创建对象。

（6）选择左侧的"状态"选择页，将该登录名设置"是否允许连接到数据库引擎"选择为"授予"，且"登录"选择"已启用"状态，如图 9-6 所示。

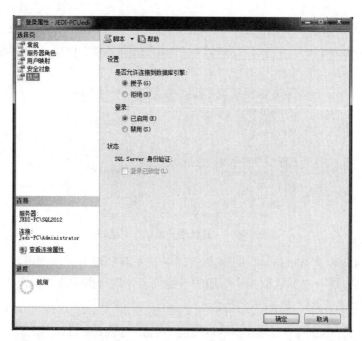

图 9-6　登录名状态选择窗口

（7）单击"确定"按钮，创建新登录用户成功，创建后的用户将出现在"对象资源管理器"中，如图 9-7 所示。

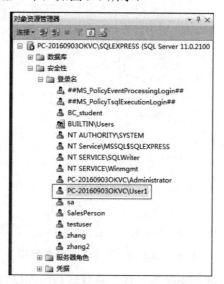

图 9-7　在"对象资源管理器"中显示已存在的登录名

任务 2： 创建 SQL Server 验证的登录账户，登录名为 TestUser，并设置默认数据库为学生成绩管理数据库 StuScore。

创建 SQL Server 认证的登录名与创建 Windows 认证的登录名最大的区别就是登录名需要新建，并且需要输入密码和确认密码。操作步骤如下。

（1）使用 Windows 身份验证模式登录 SQL Server 服务器。

（2）在"对象资源管理器"中展开"安全性"节点，右击节点下面的"登录名"，在弹出的快捷菜单中选择"新建登录名"命令，系统将弹出"登录名-新建"窗口。

（3）因为要创建的登录名是 SQL Server 用户，因此选中"SQL Server 身份验证"单选按钮，并设置登录密码与确认密码，如图 9-8 所示。

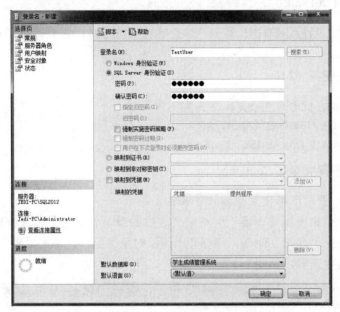

图 9-8 "登录名-新建"窗口相关属性设置

要实施密码策略，必须选中"强制实施密码策略"复选框，如果取消选中"强制密码过期"复选框，就无法选中"用户在下次登录时必须更改密码"复选框。

对于服务器角色、用户映射以及安全对象的设置，可以选择默认值。

"状态"选择页同上例一样，给予该登录名"授予"和"已启用"的选择。

（4）单击"确定"按钮，创建新登录用户成功，创建后的用户将出现在"对象资源管理器"中。

2．使用 SQL 语句创建登录名

（1）创建 SQLServer 身份验证的登录名，语法格式如下。

```
CREATE LOGIN 登录名
WITH PASSWORD='密码' [, DEFAULT_DATABASE = 默认数据库名]
```

（2）创建 Windows 身份验证的登录名，语法格式如下。

```
CREATE LOGIN 登录名
 FROM WINDOWS [WITH DEFAULT_DATABASE = 默认数据库名]
```

实现任务（1）：

```
CREATE LOGIN [PC-20160903OKVC\User1]
FROM WINDOWS
WITH DEFAULT_DATABASE = StuScore
```

说明： 当标识符中出现"-""\"等特殊符号时，需要将标识符用中括号括起来。

实现任务（2）：

```
CREATE LOGIN TestUser
WITH PASSWORD='Abc12345',
DEFAULT_DATABASE = StuScore
```

3．删除登录名 TestUser

（1）使用图形化界面删除登录名。

在"对象资源管理器"中选中要删除的登录名，右击，在弹出的快捷菜单中选择"删除"命令，即打开"删除对象"窗口，单击"确定"按钮，将删除该登录名，如图 9-9 所示。

图 9-9　"删除对象"窗口

（2）使用 SQL 语句删除登录名，语法格式如下。

```
DROP LOGIN  登录名
```

示例如下。

```
DROP LOGIN TestUser
```

任务 9.2 创建用户

视 频 讲 解

9.2.1 任务描述

我们已经创建了登录名 TestUser，但是当使用该登录名进行登录时，却显示"无法打开用户默认数据库。登录失败。"，如图 9-10 所示。

图 9-10 登录失败

这是因为虽然创建了登录名，但是并未在 StuScore 数据库中创建对应的用户，这就是 SQL Server 安全的第二关，需要在数据库中创建相应的用户。

下面为登录名 TestUser 在 StuScore 数据库中创建同名的用户 TestUser。

9.2.2 任务实施

1．使用图形化界面创建用户

（1）打开 SSMS，使用 Windows 管理员身份（Windows 身份验证）或者 sa 用户身份（SQL Server 身份验证）登录 SQL Server 服务器。

（2）在"对象资源管理器"中，依次展开"数据库"→StuScore→"安全性"，右击"用户"，在弹出的快捷菜单中选择"新建用户"命令，打开如图 9-11 所示的窗口。

（3）在"用户名"文本框中输入"TestUser"，单击"登录名"文本框右侧的 按钮，弹出如图 9-12 所示的对话框。

（4）单击"浏览"按钮，出现如图 9-13 所示的对话框，选择登录名"TestUser"，然后单击"确定"按钮，返回到如图 9-12 所示的对话框，单击"确定"按钮，返回到如图 9-11 所示的窗口，再次单击"确定"按钮，即完成用户 TestUser 的创建。

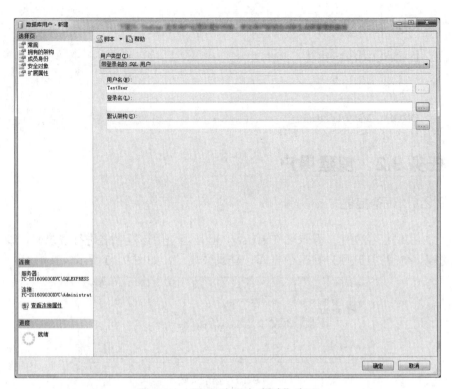

图 9-11　"数据库用户-新建"窗口

图 9-12　"选择登录名"对话框

图 9-13　"查找对象"对话框

此时使用 TestUser 登录名可以登录到 SQL Server 服务器，方法如下。

（1）在 SSMS 中单击"对象资源管理器"中的"连接"下拉列表，如图 9-14 所示。

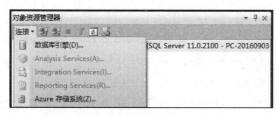

图 9-14　连接数据库引擎

（2）选择"数据库引擎"选项会弹出"连接到服务器"对话框，如图 9-15 所示，选择身份验证方式为"SQL Server 身份验证"，输入登录名与密码，单击"连接"按钮，即可连接到 SQL Server 服务器。

图 9-15　"连接到服务器"对话框

2. 使用 SQL 语句创建用户

语法格式如下。

```
CREATE USER 用户名
FOR LOGIN 登录名
```

示例如下。

```
CREATE USER TestUser FOR LOGIN TestUser
```

任务 9.3　分配权限

视频讲解

9.3.1　任务描述

当以 TestUser 登录后，在 SSMS 中依次展开"数据库"→StuScore→"表"，

会发现用户定义的表都没有显示出来，这是什么原因呢？

这是数据库安全性的第三个层次，即数据库对象的安全性。虽然 TestUser 是 StuScore 数据库的合法用户，但是其并没有操作该数据库对象的权限。

任务 1：为 TestUser 设置权限，使其能够查询 StuScore 数据库中的学生信息表 students、成绩表 score、课程表 courses，并能够修改 students 表中的数据以及创建新表。

任务 2：为 Windows 身份验证登录用户 user1 授予创建数据库的权限。

9.3.2　相关知识

1. 权限的概念

权限规定了用户可以做什么，即什么人可以对什么资源做什么操作，权限是连接主体和安全对象的纽带。其中，"主体"是可以请求 SQL Server 资源的实体。主体可以是个体、组或者进程。主体可以按照作用范围被分为 3 类。

（1）Windows 级别主体，包括 Windows 域登录名和 Windows 本地登录名。

（2）服务器级别主体，包括 SQL Server 登录名和服务器角色。

（3）数据库级别主体，包括数据库用户和数据库角色以及应用程序角色。

SQL Server 2012 中，权限分为权利与限制，分别对应 GRANT 语句和 DENY 语句。GRANT 表示允许主体对安全对象做某些操作，DENY 表示不允许主体对某些安全对象做某些操作。还有一个 REVOKE 语句，用于收回先前对主体 GRANT 或 DENY 的权限。

2. 权限种类

1）系统权限

系统权限是数据库服务器级别上针对整个服务器和数据库进行管理的权限，包括 CREATE DATABASE（创建数据库）、BACKUP DATABASE（备份数据库）、SHUTDOWN（关闭服务器）等。服务器权限通常以服务器角色的方式授予管理登录，而不授予其他登录。服务器角色 sysadmin 具有全部系统权限。

2）对象权限

对象权限用于控制一个用户如何与一个数据库对象进行交互操作，不同安全对象往往具有不同的权限，如表 9-1 所示。

表 9-1 对象权限

对 象 权 限	执 行 操 作
SELECT、INSERT、UPDATE、DELETE	用户对指定的表或视图进行数据查询、插入、修改、删除的权限
REFERENCES	通过外键引用其他表的权限
ALTER	对指定的表、视图、存储过程等进行修改的权限
EXECUTE	运行用户执行指定存储过程或函数的权限

3）语句权限

语句权限表示对数据库的操作权限，可以决定用户是否能操作数据库和创建数据库对象。语句权限的执行操作如表 9-2 所示。

表 9-2 语句权限

语 句 权 限	执 行 操 作
BACKUP DATABASE	备份数据库的权限
BACKUP LOG	备份数据库日志的权限
CREATE DATABASE	创建数据库的权限
CREATE DEFAULT	创建默认值的权限
CREATE FUNCTION	创建函数的权限
CREATE PROCEDURE	创建存储过程的权限
CTEATE TABLE	创建表的权限
CREATE VIEW	创建视图的权限

3. 管理权限

权限操作主要有授予权限、撤销权限、禁止权限，权限管理既可以通过图形化界面 SSMS 授予，也可以使用 T-SQL 语句授予。

9.3.3 任务实施

1. 通过图形化界面 SSMS 为 TestUser 用户授予权限

（1）使用 sa 或者 Windows 管理员账户登录 SSMS，在"对象资源管理器"中依次展开"数据库"→StuScore→"安全性"→"用户"，在用户名列表中找到 TestUser。

（2）右击 TestUser 用户，在弹出的快捷菜单中选择"属性"命令，打开"数据库用户-TestUser"窗口。

（3）选择"安全对象"选项，切换到用户"权限"配置，这里显示当前用户拥有的权限，如图 9-16 所示。但现在还没有授予，因此是空白的。

（4）单击"搜索"按钮，打开如图 9-17 所示的对话框，选中"特定对象"单选按钮。

（5）单击"确定"按钮，出现"选择对象"对话框，如图 9-18 所示。

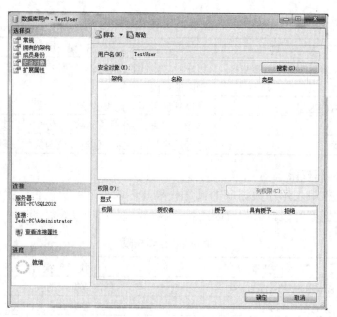

图 9-16　用户"权限"配置

图 9-17　"添加对象"对话框

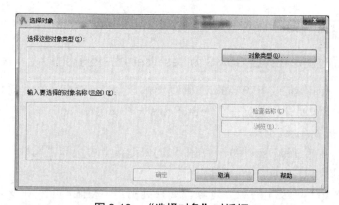

图 9-18　"选择对象"对话框

（6）单击"对象类型"按钮，系统弹出"选择对象类型"对话框，列出了所有对象类型。在此选中"表"复选框，如图 9-19 所示。

（7）单击"确定"按钮，返回如图 9-18 所示的"选择对象"对话框。

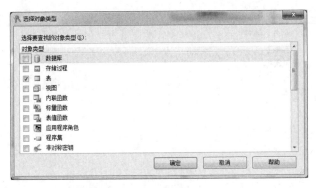

图 9-19 "选择对象类型"对话框

（8）在"选择对象"对话框中单击"浏览"按钮，弹出如图 9-20 所示的"查找对象"对话框。

图 9-20 "查找对象"对话框

（9）选择表 courses、score、students，然后单击"确定"按钮，返回"选择对象"对话框，如图 9-21 所示。

图 9-21 "选择对象"对话框

（10）再次单击"确定"按钮，返回"数据库用户-TestUser"窗口，选择 courses 表，然后在下面的权限中选中"选择"复选框，如图 9-22 所示，按同样的方法设置对 score 表的选择权限及对 students 表的选择和更新权限，如图 9-23 所示。

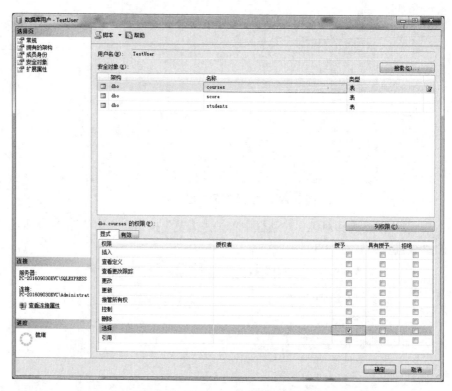

图 9-22 授予 courses 表的选择权限

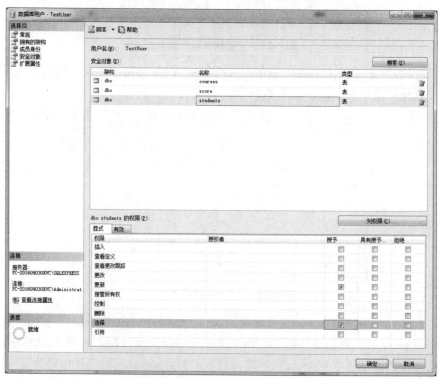

图 9-23 授予对 students 表的权限

（11）单击"确定"按钮，完成用户 TestUser 的权限设置。

通过上述设置，重新以 TestUser 登录名登录后，就可以看到 StuScore 数据库中的用户表了，并且下列操作都可以正常执行。

```
SELECT * FROM courses
SELECT * FROM score
SELECT * FROM students
UPDATE students SET phone='15605317769' WHERE sno='J1300101'
```

2. 通过 T-SQL 语句进行权限操作

1）授予权限

语法格式如下。

```
GRANT 权限名称
[ON 权限的安全对象 ]
TO 数据库用户名
[WITH GRANT OPTION]
```

参数说明如下。

WITH GRANT OPTION：指被授予者在获得指定权限的同时，还可以授予其他用户。

任务实施：授予 TestUser 用户在 StuScore 数据库中有创建新表的权限。

```
GRANT CREATE TABLE TO TestUser
```

此时用在 TestUser 连接的查询窗口中，执行如下语句。

```
CREATE TABLE demo(aa char(10))
```

但是却显示如图 9-24 所示的错误。

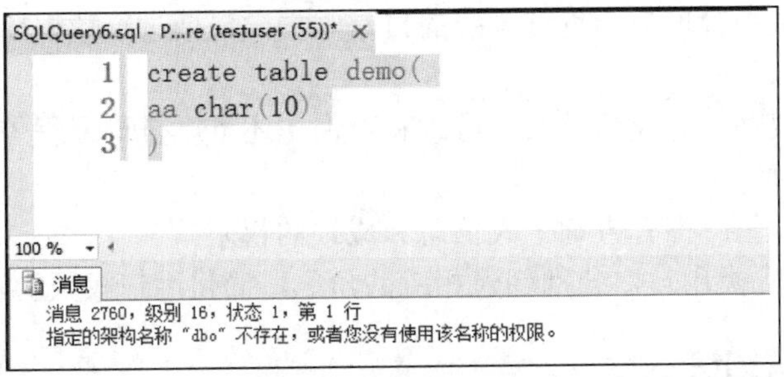

```
SQLQuery6.sql - P...re (testuser (55))*  ×
    1   create table demo(
    2   aa char(10)
    3   )
```
```
100 %  ▾ ◂
🗐 消息
消息 2760，级别 16，状态 1，第 1 行
指定的架构名称 "dbo" 不存在，或者您没有使用该名称的权限。
```

图 9-24 错误信息窗口

这是因为 TestUser 用户没有修改 dbo 架构的权限，需要再执行如下语句。

```
GRANT ALTER ON SCHEMA :: dbo TO TestUser
```

此时就可以在 TestUser 登录名连接下，执行创建新表的操作了。

如果使用 SQL 语句，实现给 TestUser 用户授予访问数据表的权限，则语句如下。

```
GRANT SELECT, UPDATE ON students TO TestUser
GRANT SELECT ON courses TO TestUser
GRANT SELECT ON score TO TestUser
```

2）撤销权限

将用户已有的权限撤销，用户将不再具有相应的操作权限，语法格式如下。

```
REVOKE 权限名称
[ON 权限的安全对象 ]
FROM 数据库用户名
```

【例 9-1】撤销 TestUser 用户对 courses 表的查询权限。

```
REVOKE SELECT ON courses FROM TestUser
```

3）拒绝权限

使用 DENY 语句可防止主体通过 GRANT 获得特定权限，其语法结构与 GRANT 相似。

【例 9-2】禁止用户 TestUser 对学生信息的特定权限，代码如下。

```
DENY SELECT, INSERT, UPDATE, DELETE ON students TO TestUser
```

视频讲解

任务 9.4　角色管理

9.4.1　任务描述

分析学生成绩管理系统，主要分为以下 3 类用户。

（1）系统管理员：负责系统的日常维护，包括进行数据库和数据库对象的管理等。

（2）教师：对成绩录入、修改和查询，还可以查询课程信息、班级信息、学生信息。

（3）学生：拥有查询个人信息和成绩的权限。

为以上几类用户，分别创建相应的角色，简化用户权限的管理。

9.4.2　相关知识

1.　角色概述

角色（role）是一个访问权限的集合，只要给用户分配一个角色，就可以给这个用户分配这个权限集合，"角色"类似于 Windows 操作系统中的"组"。

在 SQL Server 中引入角色的概念，是为了简化权限的管理。数据库的很多账户的权限相同，单独授权的话不便于集中管理，当权限改变时，管理员可能需要逐个修改权限。角色是对账户权限的集中管理机制，当若干个账户都被赋予同一个角色时，它们都继承了该角色的权限，若角色的权限变更了，这些相关的账户权限都会发生变化。

一个用户可以同时拥有多个角色。SQL Server 给用户提供了预定义的服务器角色（固定服务器角色）和数据库角色（固定数据库角色），用户也可以根据需要，创建自己的数据库角色，以便对具有同样操作权限的用户进行统一管理。

2．固定服务器角色

固定服务器角色的每个成员都可以将其他登录名添加到某同一角色。用户定义的服务器角色的成员则无法将其他服务器主体添加到角色。

固定服务器角色在其作用域内属于服务器安全管理层次，用户可以将服务器级主体（SQL Server 登录名、Windows 账户和 Windows 组）添加到服务器级角色。SQL Server 2012 提供了如表 9-3 所示的固定服务器角色。

表 9-3　固定服务器角色

固定服务器角色	描　　述
sysadmin	能够在 SQL Server 中执行任何活动
serveradmin	能够设置服务器范围内的配置选项，关闭服务器
securityadmin	安全管理员，可以管理登录服务器权限
setupadmin	管理连接服务器和启动过程，没有权限执行 T-SQL 语句，只能执行特定的系统存储过程
processadmin	管理在 SQL Server 中运行的进程
dbcreator	能够创建、更改、删除和还原任何数据库
diskadmin	能够管理磁盘文件
bulkadmin	能够执行 BULK INSERT 语句
public	每个 SQL Server 登录名均属于 public 服务器角色。如果未向某个服务器主体授予或拒绝对某个安全对象的特定权限，该用户将继承授予该对象的 public 角色的权限。当用户希望该对象对所有用户可用时，只需对任何对象分配 public 权限即可

【例 9-3】为登录名 User1 授予创建服务器角色。

在"对象资源管理器"的"安全性"节点下找到登录名 User1，右击，在弹出的快捷菜单中选择"属性"命令，在弹出的"登录属性"对话框中选择"服务器角色"选择页，在配置"服务器角色"选项卡中，将 dbcreator 复选框选中，如图 9-25 所示。单击"确定"按钮即可。

3．固定数据库角色

固定数据库角色是数据库级的安全对象，表 9-4 显示了固定数据库角色及其能够执行的操作，所有数据库中都有这些角色。可以向固定数据库角色中添加任何数据库账户和其他 SQL Server 角色。

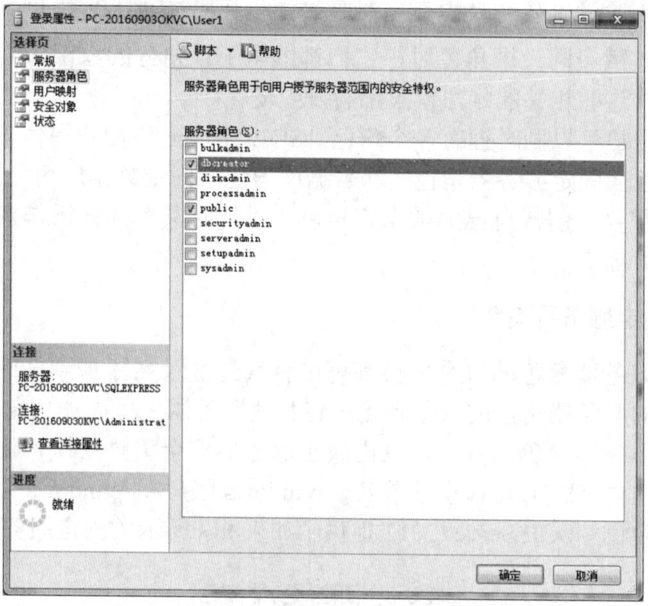

图 9-25 为登录名授予服务器角色

表 9-4 固定数据库角色

固定数据库角色	描 述
db_owner	可以执行数据库的所有配置和维护活动，还可以删除数据库
db_securityadmin	可以修改角色成员身份和管理权限
db_accessadmin	可以为 Windows 登录名、Windows 组和 SQL Server 登录名添加或删除数据库访问权限
db_backupoperator	可以备份数据库
db_ddladmin	可以在数据库中运行任何数据定义语言（DDL）命令
db_datawriter	可以在所有用户表中添加、删除或更改数据
db_datareader	可以从所有用户表中读取所有数据
db_denydatawriter	不能添加、修改或删除数据库内用户表中的任何数据
db_denydatareader	不能读取数据库内用户表中的任何数据
public	是一种特殊的固定数据库角色，数据库的每个合法用户都属于该角色。它为数据库中的用户提供了所有默认权限。这样就提供了一种机制，即给予那些没有适当权限的所有用户以一定的（通常是有限的）权限。public 角色为数据库中的所有用户都保留了默认的权限，因此是不能被删除的

【例 9-4】为 TestUser 用户添加备份数据库的角色。

在 StuScore 数据库中依次选择"安全性"→"用户"→TestUser，右击，从弹出的快捷菜单中选择"属性"命令，在弹出的"数据库用户-TestUser"窗口中选择"成员身份"选择页，在"角色成员"中选中 db_backupoperator 复选框，单击"确定"按钮即可，如图 9-26 所示。

图 9-26 数据库角色成员

4. 自定义数据库角色

除固定数据库角色外，用户可以根据需要创建数据库角色。

1）在图形化界面下创建数据库角色

在 SSMS 的"对象资源管理器"中依次展开"数据库"→需要创建角色的数据库→"安全性"→"角色"，右击"角色"，从弹出的快捷菜单中选择"创建数据库角色"命令，在弹出的对话框中输入角色名称，给角色赋予相应的权限即可。

2）使用 T-SQL 语句创建数据库角色

```
CREATE ROLE 数据库角色名
GO
```

数据库角色创建完成后，需要使用 GRANT 给角色授予数据库对象权限，就像给用户授予权限一样。

```
GRANT 权限 TO 角色名
GO
```

撤销和拒绝权限的操作语句与授予权限的操作相同。

9.4.3 任务实施

1. 创建学生成绩管理系统操作员，授予 SQL Server 的系统管理员权限

1）使用图形化界面实现

首先以 sa 或者 Windows 管理员用户登录 SQL Server，按照 9.1 节讲述的方法，创建登录名 StuScoreAdmin。

右击登录名 StuScoreAdmin，从弹出的快捷菜单中选择"属性"命令，如图 9-27 所示。

图 9-27　设置登录名属性

弹出"登录属性"窗口，在"选择页"中选择"服务器角色"，在"服务器角色"中选择 sysadmin，如图 9-28 所示。

图 9-28　设置登录名 StuScoreAdmin 的服务器角色

2）使用 T-SQL 语句实现

```
--首先创建系统操作员登录名
CREATE LOGIN StuScoreAdmin WITH PASSWORD='abc123'
```

```
GO
--调用系统存储过程，将 StuScoreAdmin 添加为固定服务器角色 sysadmin 的成员
sp_addsrvrolemember 'StuScoreAdmin', 'sysadmin'
GO
```

2．创建教师角色

教师角色可以进行成绩录入、修改和查询，可以查询课程信息、班级信息、学生信息。

在 StuScore 数据库中创建数据库角色 teacher，在查询窗口中输入如下语句并执行。

```
CREATE ROLE teacher
GO
GRANT SELECT, UPDATE, INSERT ON score TO teacher
GRANT SELECT ON students TO teacher
GRANT SELECT ON classes TO teacher
GO
```

3．创建学生角色

授予学生查询学生信息和成绩的权限。

在 SSMS 的"对象资源管理器"中依次选择 StuScore 数据库→"安全性"→"角色"，右击"角色"，从弹出的快捷菜单中选择"数据库角色"命令，出现"数据库角色-新建"窗口，在"常规"选择页中输入数据库角色名称 stu，在"安全对象"选择页单击"搜索"按钮，然后选择安全对象 score 表、students 表，并且授予这两张表的"选择"权限，如图 9-29 所示。

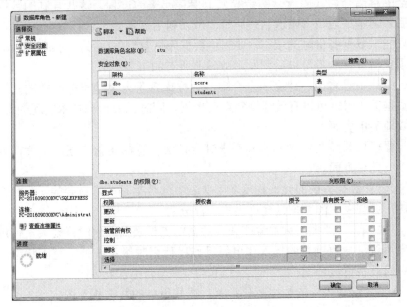

图 9-29 创建学生角色

⚠ 任务 9.5　制定并实施备份策略

对于数据库服务器来说，安全性是至关重要的，尽管数据库系统中采取了各种保护措施来防止数据库的安全性和完整性被破坏，但计算机系统中的硬件故障、软件错误、操作员的失误以及恶意的破坏仍是不可避免的。因此，提高数据的安全性和数据恢复能力一直是用户关注的焦点。备份是恢复数据最容易且最有效的方法之一，备份的目的是当数据库遭到破坏后，能尽快地把数据库恢复到破坏前的状态。

9.5.1　任务描述

为保证数据库的安全性，需要对学生成绩管理数据库进行完整备份、差异备份以及日志备份，并且按一定频率定时进行。一般选择在系统空闲时间进行备份，因此制订备份计划如下。

（1）每周星期日的 1:00:00 执行数据库的完整备份。

（2）每周星期一至星期六的每天 1:00:00 执行数据库的差异备份。

（3）每天中午 12:00:00 执行日志备份。

9.5.2　相关知识

1. 数据库备份概述

数据库备份是指定期或不定期地将数据库中的全部或部分数据复制到安全的存储介质（磁盘、磁带等）上保存起来的过程，这些复制的数据称为后备副本。当数据库遭到破坏时，可以利用后备副本进行数据库的恢复，但只能恢复到备份时的状态。要想将数据库恢复到发生故障时刻前的状态，必须重新进行从备份以后到发生故障前所有的事务更新。

由此不难看出，建立一个合理的数据库备份方案是十分必要的，在造成数据丢失时，可以有效地恢复重要数据，同时也要考虑技术实现的难度，有效地利用资源。

要根据系统的环境和实际需求制定切实可行的备份方案，一般需要考虑以下几个方面。

（1）数据丢失的允许程度。哪些表中的数据是非常重要的，不允许丢失的；哪些表中的数据是允许丢失一部分的。

（2）业务处理的频繁程度和服务器的工作负荷。何时需要大量使用数据库系统，导致频繁的插入和更新操作；什么时候系统处于空闲状态；一天中何时备份最合适。

（3）哪些表中的数据变化频繁，哪些表中的数据相对固定。

（4）允许的故障处理时间。

（5）确定备份的介质和进行备份的人员。

（6）使用人工备份还是设计好的自动备份程序。

根据以上要求，接下来对使用何种备份介质、备份方式及恢复模型等进行详细的计划。

2．备份对象

备份对象是指数据库管理员（DBA）可以对数据库中的哪些元素或者对象进行备份，如系统数据库、用户数据库、事务日志等。

（1）系统数据库。系统数据库存放了 SQL Server 的系统配置参数、用户登录信息及所有单用户使用的数据库等信息，主要包括 master、msdb、model 数据库。

（2）用户数据库。用户数据库存储了用户的所有数据，是备份的重点。

（3）事务日志。事务日志是自上次备份事务日志后对数据库所执行的各种操作。正常情况下，系统自动记录和管理用户对数据库的所有操作。

3．备份设备

备份设备是指用来存储备份的实际物理存储，可以是磁盘、磁带、光盘等。可以使用 SSMS 创建备份设备。

（1）在 SSMS 的"对象资源管理器"中展开"服务器对象"节点，选择"备份设备"子节点，右击，在弹出的快捷菜单中选择"新建备份设备"命令，打开"备份设备"窗口，如图 9-30 所示。

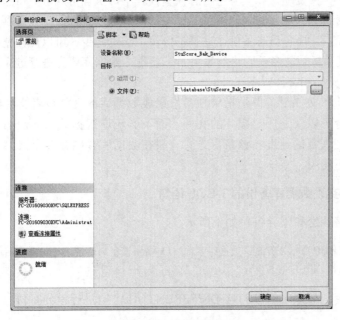

图 9-30　备份设备

（2）在"设备名称"文本框中输入备份设备的名称，这是备份设备的逻辑名。

（3）如果要建立一个磁盘备份设备，选中"文件"单选按钮，在后面的文本框中输入磁盘备份设备所使用的文件名，它是一个完整的路径和文件名。或者单击▥按钮，打开"定位数据库文件"对话框，选择备份文件的位置以及文件名，然后单击"确定"按钮，返回"备份设备"窗口。

（4）单击"确定"按钮，完成建立备份设备的操作。

备份设备创建完成后，在后续数据库备份时，可以将备份文件保存到备份设备中。

4．备份方式

SQL Server 2012 提供了以下 4 种数据库备份方式。

1）完整备份

完整备份是指备份整个数据库，包括事务日志，可以使用备份恢复到备份完成时的数据库。完整备份使用的存储空间比差异备份使用的存储空间大，由于完成完整备份需要更多的时间，因此备份的频率常常低于差异备份。

2）差异备份

差异备份是指备份上一次完整备份后数据库中发生变化的部分。差异备份能够加快备份操作的速度，从而缩短备份时间。在做差异备份前，数据库要先进行过完整备份。

3）事务日志备份

在完整恢复模式和大容量日志恢复模式下，执行常规事务日志备份对于恢复数据是十分重要的。使用事务日志备份，可以将数据库恢复到特定的时间或故障点。事务日志备份比完整备份使用的资源少，可以比完整备份更频繁地创建事务日志备份。进行事务日志备份，数据库要先进行过完整备份。

4）文件和文件组备份

文件和文件组备份是指单独备份组成数据库的文件或者文件组，使用文件备份可以仅还原已损坏的文件，而不必还原数据库的其他部分，从而可以提高恢复的速度。该备份方式一般在数据库存储在多个磁盘驱动器上的情况下使用。

5．实现数据库备份的 T-SQL 语句

完整备份和差异备份如下所示。

```
BACKUP DATABASE 数据库名称 TO 备份设备名称或者备份文件名称
[WITH DIFFERENTIAL]
```

说明：如果带有 WITH DIFFERENTIAL，则进行差异备份，否则执行完整备份。

【例 9-5】通过 T-SQL 语句将数据库 master 完整备份到 masterBakDevice 备份设备上。

```
USE master
GO
--创建备份设备
EXEC sp_addumpdevice 'disk', 'masterBakDevice', 'E:\database\
masterBakDevice.bak'
GO
--完整备份数据库
BACKUP DATABASE master TO masterBakDevice
GO
```

【例 9-6】将 StuScore 数据库的差异数据备份到 E:\database\StuScore.bak。

```
USE master
GO
BACKUP DATABASE StuScore TO 'E:\database\StuScore.bak'
WITH DIFFERENTIAL
GO
```

9.5.3　任务实施

1．对 StuScore 数据库进行完整备份

备份步骤如下。

（1）在 SSMS 的"对象资源管理器"中右击 StuScore 数据库，从弹出的快捷菜单中选择"任务"→"备份"命令，出现如图 9-31 所示的窗口。

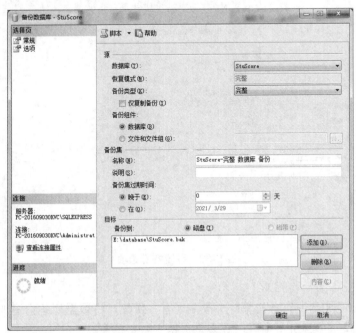

图 9-31　"备份数据库"窗口

（2）在备份目标中选择"磁盘"，将备份文件存储到磁盘上，单击"添加"按钮，出现如图 9-32 所示的"选择备份目标"对话框，单击右侧的 ▦ 按钮，可以指定备份文件位置和文件名。备份文件一般以 bak 作为扩展名。

图 9-32　选择备份目标

（3）选择"备份数据库"窗口的"选项"选择页，出现如图 9-33 所示的窗口。

图 9-33　设置备份选项

其中各部分功能如下。

① 追加到现有备份集：不覆盖现有备份集，将数据库备份追加到备份集中，同一个备份集中可以有多个数据库备份信息。

② 覆盖所有现有备份集：将覆盖现有备份集，相当于删除掉该备份文

件（或备份设备）中原有的内容，重新写入本次备份信息。

③ 设置数据库备份的可靠性：选中"完成后验证备份"复选框，将会验证备份集是否完整以及所有卷是否都可读；选中"写入介质前检查校验和"复选框，将会在写入备份介质前验证校验和，如果选中该复选框，可能会增大工作负荷，并降低备份操作的速度。

（4）选择完成后单击"确定"按钮，即可完成备份。

2．对 StuScore 数据库进行差异备份

第1步与完整备份操作相同，打开"备份数据库"窗口，设置"备份类型"为"差异"，如图 9-34 所示。备份到 StuScore.bak 文件，在"选项"选择页中选中"追加到现有备份集"单选按钮，然后单击"确定"按钮，即可完成差异备份。该备份中保存的是自上一次数据库备份后，数据库所做的改变。

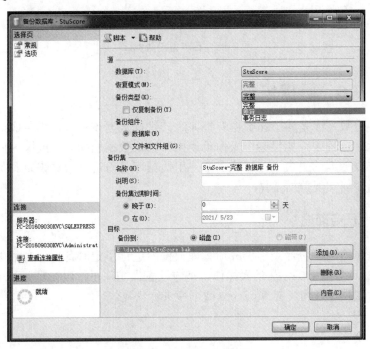

图 9-34　差异备份数据库

3．对 StuScore 数据库进行事务日志备份

第1步与完整备份操作相同，打开"备份数据库"窗口，设置"备份类型"为"事务日志"，如图 9-35 所示，备份到 StuScore.bak 文件中；在"选项"选择页中选中"追加到现有备份集"单选按钮，然后单击"确定"按钮，即可完成事务日志备份。该备份中保存的是自上一次备份事务日志后，对数据库执行的所有事务的一系列记录。

图 9-35　日志备份数据库

任务 9.6　数据恢复

备份数据库是为了在数据有损坏时，进行数据恢复。在学生成绩管理系统运行过程中，如果某个操作员误操作，将数据删除了，或因为病毒等原因造成数据的丢失，这时就需要使用数据库备份进行数据恢复。下面就来介绍如何实现数据恢复。

9.6.1　任务描述

按照前述备份计划学生成绩管理数据库进行了定时备份，在某周二的下午 2 点，由于操作员的误操作，把成绩表误删除了，现在需要利用前面创建的数据库备份，对 StuScore 数据库进行恢复。

9.6.2　相关知识

1. 恢复模型

恢复模型是指确定如何备份数据以及能承受何种程度的数据损失，SQL Server 为每个数据库提供了 3 种恢复模式，即简单恢复模式、完整恢复模式和大容量日志恢复模式。

1）简单恢复模式

简单恢复模式是指在进行数据库恢复时，使用数据库完整备份或差异备份，而不涉及事务日志备份。简单恢复模式可使数据库恢复到上一次备份的状态，但由于不使用事务日志备份进行恢复，所以无法将数据库恢复到失败点状态。与其他两种恢复模式相比，简单恢复模式更容易管理，但如果数据文件损坏，出现数据丢失的风险系数会很高。

2）完整恢复模式

完整恢复模式是指通过使用数据库备份和事务日志备份，将数据库恢复到发生失败前的时刻，几乎不会造成任何数据丢失，这成为应对因存储介质损坏而丢失数据的最佳方法。为了保证数据库的这种恢复能力，所有的批数据操作（如 SELECT INTO、创建索引）都被写入日志文件。选择完整恢复模式时常使用的备份策略是，除了进行数据库完整备份、差异备份，还要定时进行事务日志备份。如果准备让数据库恢复到失败前的时刻，必须对数据库失败前正处于运行状态的事务进行备份。

3）大容量日志恢复模式

在性能上，大容量日志恢复模式要优于简单恢复模式和完整恢复模式，它能减少批操作所需要的存储空间。这些批操作主要是 SELECT INTO 批装载操作、创建索引、修改长文本等，选择大容量日志恢复模式所采用的备份策略与完整恢复所采用的备份策略基本相同。

在实际应用中，备份策略和恢复策略的选择不是孤立的。用户不仅要考虑该怎样进行数据库备份，还必须更多地考虑当使用该备份进行数据库恢复时，能把遭到破坏的数据库返回到怎样的状态。

2. 选择恢复模式

在 SSMS 的"对象资源管理器"中右击 StuScore 数据库，在弹出的快捷菜单中选择"属性"命令，打开"数据库属性"窗口，如图 9-36 所示。在"其他选项"选项页的"恢复"下拉列表框中可以选择需要的恢复模式。

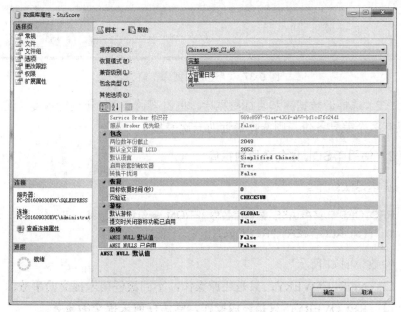

图 9-36　设置数据库恢复模式

9.6.3   任务实施

数据恢复可以使用图形化界面 SSMS，也可以使用 T-SQL 语句。

1. 使用 SSMS 还原数据库

（1）登录 SSMS，在"对象资源管理器"中找到数据库列表中的 StuScore 数据库，单击鼠标右键，在弹出的快捷菜单中依次选择"任务"→"还原"命令，打开如图 9-37 所示的窗口。

图 9-37   "还原数据库"窗口

（2）选择源数据库和目标数据库，单击"确定"按钮进行恢复（注意，如果有多个差异备份，则选择最近的一次差异备份）。

2. 使用 T-SQL 语句还原数据库

基本语法如下。

```
RESTORE DATABASE 数据库名称 [FROM 备份设备名称[, ...]]
WITH NORECOVERY | RECOVERY
```

参数说明如下。
- ❑ NORECOVERY：只是还原操作，不回滚任何未提交的事务。
- ❑ RECOVERY：只是还原操作，回滚任何未提交的事务。

使用 T-SQL 语句实现 StuScore 数据库的恢复，代码如下。

```
RESTORE DATABASE StuScore FROM 'E:\database\StuScore.bak'
WITH RECOVERY
```

任务 9.7　导入/导出数据

9.7.1　任务描述

（1）将 StuScore 数据库整体导出到新数据库 NewDataBase 中。

（2）将 Excel 表格内容导入 StuScore 数据库的新表 NewTable 中。

9.7.2　相关知识

在创建和使用 SQL Server 数据库的过程中，数据的导入和导出是经常性的操作，SQL Server 2012 中导入和导出数据的类型，主要有不同 SQL Server 数据库间的数据导入和导出、SQL Server 与其他异构数据源（如 Access、Excel 等）之间的数据导入和导出。例如将表或者视图中的数据导出到 Excel 表中，或者将 Excel 表中的数据导入数据库，以及将一个数据库中的数据导出到另一个数据库中。

执行数据导入和导出最简单易用的方法是使用导入、导出向导工具。

9.7.3　任务实施

1. 将学生成绩管理数据库整体导入新数据库 NewDataBase 中

本任务是将一个已经存在的数据库的全部内容表，整体导入一个新的空数据库中，具体实施步骤如下。

（1）首先在 SSMS 中创建新的空数据库 NewDataBase。

（2）在 SSMS 的"对象资源管理器"中找到数据库 StuScore，右击 StuScore，在弹出的快捷菜单中依次选择"任务"→"导出数据"命令，打开"SQL Server 导入和导出向导"窗口，单击"下一步"按钮，选择数据源，这里默认为是 StuScore 数据库，如图 9-38 所示。

（3）单击"下一步"按钮，选择目标数据库，找到对应的服务器实例，选择 NewDataBase 数据库，如图 9-39 所示。

（4）单击"下一步"按钮，选中"复制一个或多个表或视图的数据"单选按钮，如图 9-40 所示。

（5）单击"下一步"按钮，进入"选择源表和源视图"界面，如图 9-41 所示。

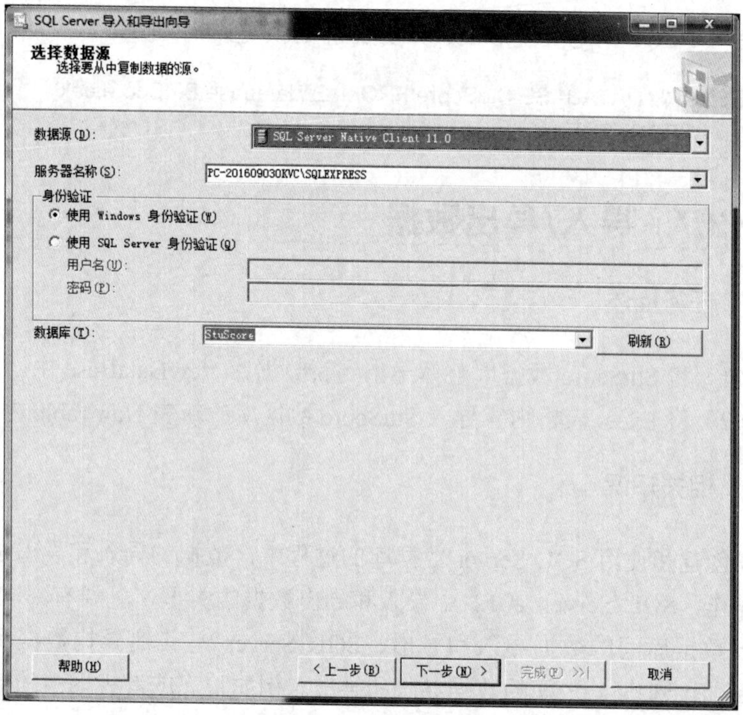

图 9-38　选择数据源

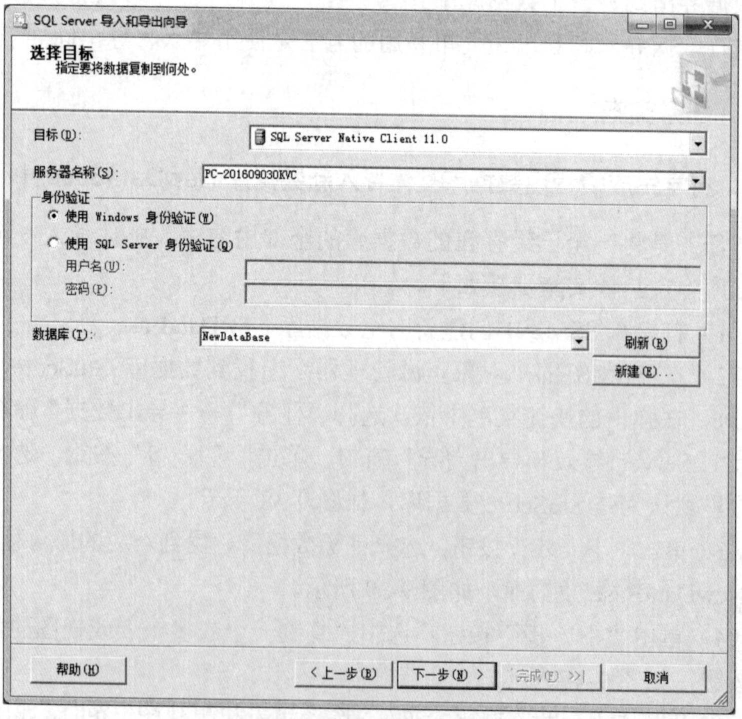

图 9-39　选择目标数据库

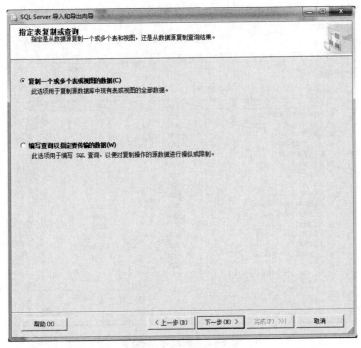

图 9-40　指定表复制或查询

图 9-41　选择源表和源视图

（6）单击"下一步"按钮，选择"立即运行"，再单击"下一步"按钮，完成导入操作，如图 9-42 所示。

图 9-42   完成导入操作

◉ **提示**：如果源数据库里面的表使用的主键是自增长方式，那么首先需要把相关表的自增长方式去掉。因为这里面是对所有字段的复制，其中包括自增长的 ID。等复制完数据之后，再修改目标数据库相关表为自增长方式。

2. 将 Excel 表格内容导入 StuScore 数据库的新表 NewTable 中

（1）首先准备好要导入的 Excel 表，注意表格的首行是导入后的"列名"，每一列对应数据表中的字段名称，Excel 数据如图 9-43 所示。

	A	B	C	D	E	F	G
	sno	sname	gender	class	birthday	phone	nation
	J1300101	王一诺	男	J13001	1997.8.15	13763247853	汉族
	J1300102	孙俊明	男	J13001	1996.12.4	13763291286	汉族
	J1300103	赵子萱	女	J13001	1998.3.5	13763284361	汉族
	J1300104	殷志浩	男	J13001	1997.5.23	13763274502	汉族
	J1300105	张小梦	女	J13001	1997.2.7	13763215628	汉族
	J1300201	李俊恩	男	J13002	1996.11.20	18395876935	汉族
	J1300202	武琳洋	女	J13002	1997.6.5	18395837213	汉族
	J1300203	马振翔	男	J13002	1996.3.15	18395845839	回族
	Z1300101	林欣玉	女	Z13001	1998.4.21	13287237589	汉族
	Z1300102	王善其	男	Z13001	1997.10.3	13287292013	汉族
	Z1300103	庆格尔泰	男	Z13001	1996.1.19	13287273857	蒙古族
	Z1300201	刘恒	男	Z13002	1998.2.13	18668903201	汉族
	Z1300202	黄语嫣	女	Z13002	1996.9.12	18668939586	汉族

图 9-43   Excel 数据

（2）在 SSMS 中选择"数据库"节点下的 StuScore，单击鼠标右键，在弹出的快捷菜单中选择"任务"→"导入数据"命令，在弹出的"SQL Server 导入和导出向导"窗口中选择数据源为 Microsoft Excel，文件路径选择准备好的"Excel 源数据表.xlsx"文件，如图 9-44 所示。

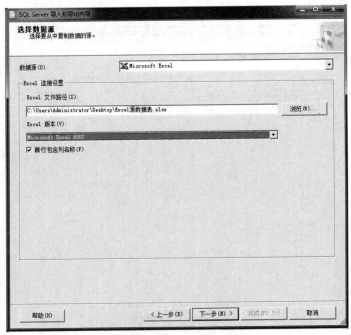

图 9-44　选择数据源

（3）单击"下一步"按钮，在"选择数据源"界面，指定目标数据库为 StuScore，如图 9-45 所示。

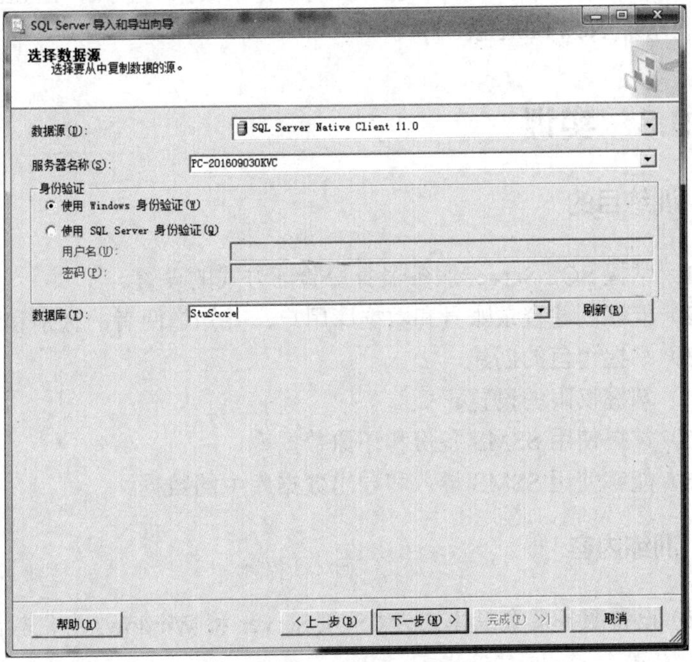

图 9-45　选择目标数据库

（4）单击"下一步"按钮，进入"选择源表和源视图"界面，如图 9-46 所示。

图 9-46　选择源表和源视图

（5）接下来选择"默认"选项，最后完成数据的导入，在 StuScore 数据库中将增加 NewTable 表。

任务 9.8　实训

9.8.1　训练目的

（1）掌握 SQL Server 服务器身份验证方式的设置。
（2）能够创建登录账号和数据库用户，并知道两者的区别和联系。
（3）掌握角色的创建。
（4）掌握权限的设置。
（5）掌握使用 SSMS 备份和还原数据库。
（6）能够使用 SSMS 导入和导出数据库中的数据。

9.8.2　训练内容

（1）设置服务器登录模式为"SQL Server 和 Windows 身份验证模式"。

▷ **注意**：如果修改了登录模式，则需要重新启动服务。

（2）创建一个登录名 student01，密码是 a0001。该登录是"SQL Server 身份验证"方式。

⊙ **提示：** 执行在服务器的"安全性"→"登录名"→"新建登录名"。

（3）以 student01 建立一个新的连接。

① 查看是否能够以该身份创建新的数据库。

② 查看是否能够访问 StuScore 数据库。

（4）切换到 Windows 身份验证的连接窗口，修改 student01 的属性，设置其服务器角色为 dbcreator。

（5）切换到 student01 的连接窗口。

① 查看是否能够以该身份创建新的数据库。

② 查看是否能够访问 StuScore 数据库。

（6）切换到 Windows 连接窗口，打开 StuScore 数据库，依次展开安全性，创建用户名 student01，对应的登录名是 student01。

（7）切换到 student01 的连接窗口。

① 查看是否能够访问 StuScore 数据库。

② 查看是否能够访问 StuScore 数据库中的对象。

（8）切换到 Windows 身份验证的连接窗口，修改 student01 的属性，设置如下内容。

① 单击"安全对象"，添加表 students。

② 设置权限为 select、insert。

（9）切换到 student01 连接窗口。

① 查看 students 表中的记录。

② 向 students 表中插入一条记录。

③ 删除刚才插入 students 表中的记录。

④ 查看 courses 表中的内容。

⊙ **观察：** 是否所有操作都允许执行？

（10）在 StuScore 创建 StuScoreAdmin 角色，将 db_owner 角色授予 StuScoreAdmin。

（11）将 StuScoreAdmin 角色授予 student01 用户。

（12）切换到 student01 用户连接，通过 SSMS 对 StuScore 数据库进行备份和还原。

① 对 StuScore 数据库进行完整备份。

② 将数据库中的 score 表删除。

③ 还原 StuScore 数据库，查看 score 表中学号为 J1300105 的成绩是否存在？

（13）导出 StuScore 数据库中的学生信息，保存到 student.xls 表中。

课后练习

一、选择题

1. SQL 语言的 GRANT 和 REVOKE 语句主要用来维护数据库的（　　）。
   A. 安全性　　　　　　　　　B. 完整性
   C. 可靠性　　　　　　　　　D. 一致性

2. 创建 SQL Server 登录账户的 T-SQL 语句是（　　）。
   A. CREATE LOGIN　　　　　B. CREATE USER
   C. ADD LOGIN　　　　　　D. ADD USER

3. 下列关于 SQL Server 数据库服务器登录账户的说法中，错误的是（　　）。
   A. 登录账户的来源可以是 Windows 用户，也可以是非 Windows 用户
   B. 所有的 Windows 用户都自动是 SQL Server 的合法账户
   C. 在 Windows 身份验证模式下，不允许非 Windows 身份的用户登录到 SQL Server 服务器
   D. sa 是 SQL Server 提供的一个具有系统管理员权限的默认登录账户

4. 用户对 SQL Server 数据库的访问权限中，如果只允许删除基本表中的记录，应授予哪一种权限？（　　）
   A. DROP　　　　　　　　　B. DELETE
   C. ALTER　　　　　　　　　D. UPDATE

5. 在 SQL Server 2012 中，设用户 U1 是某数据库 db_ datawriter 角色中的成员，则 U1 在该数据库中有权执行的操作是（　　）。
   A. SELECT
   B. SELECT 和 INSERT
   C. INSERT、UPDATE 和 DELETE
   D. SELECT、INSERT、UPDATE 和 DELETE

6. 把查询 score 表和更新 score 表的 grade 列的权限授予用户 user1 的正确 SQL 语句是（　　）。
   A. GRANT SELECT, UPDATE(grade) ON score TO user1
   B. GRANT SELECT score,UPDATE score,grade TO user1
   C. GRANT SELECT,UPDATE ON TABLE score.grade TO user1
   D. GRANT SELECT ON TABLE score, UPDATE ON TABLE score (grade)TO user1

7. 以下与权限管理无关的语句是（　　）。
   A. REVOKE　　　　　　　　B. GRANT

  C．DENY   D．CREATE

 8．用于数据库恢复的重要文件是（ ）。

  A．日志文件   B．索引文件

  C．数据库文件   D．备注文件

 9．数据备份可只复制自上次备份以来更新过的数据，这种备份方法称为（ ）。

  A．完整备份   B．差异备份

  C．日志备份   D．文件组备份

 10．在数据库管理系统中，用来定义用户能够对数据库对象执行的操作被称为（ ）。

  A．审计   B．授权

  C．定义   D．视图

二、填空题

 1．对数据库_____性的保护就是指要采取措施，防止库中数据被非法访问、修改、恶意破坏。

 2．为了实现安全性，每个网络用户在访问 SQL Server 数据库之前，都必须经过两个阶段的检验，即_____和_____。

 3．SQL Server 2012 采用的身份验证模式有_____和_____两种。

 4．在 SQL 语言中授权的操作是通过_____语句实现的，拒绝权限的操作是通过_____语句实现的，撤销权限的操作是通过_____语句实现的。

 5．数据库备份的类型有 4 种，分别为_____、_____、_____、_____。

 6．SQL Server 2012 将权限分为_____、_____、语句权限。

 7．在 SQL Server 2012 中，系统提供的具有管理员权限的角色是_____。

 8．在实际中经常作为数据库匿名访问者使用的特殊数据库用户是_____。

 9．数据库中具有进行全部操作权限的固定数据库角色是_____。

 10．在 SQL Server 2012 中，系统提供的具有创建数据库权限的服务器角色是_____。

三、简答题

 1．简述 SQL Server 2012 的安全体系结构。

2．登录账号与用户账号的联系、区别是什么？

3．什么是角色？角色与用户有什么关系？当一个用户被添加到某一角色中后，其权限将发生怎样的变化？

4．SQL Server 2012 的权限有哪几种类型？

5．完整备份、差异备份、日志备份各有什么特点？以你所知的某数据库系统为例，说明该数据库系统的数据更新情况，设计一种备份方案。

第 10 章

开发学生成绩管理系统

在 Visual Studio 2010 集成开发环境中,使用 C#开发学生成绩管理系统,达到以下目标。

知识目标

❑ 熟悉 Visual Studio 2010 的安装。
❑ 了解 ADO.NET 对象的使用。

能力目标

❑ 具备开发数据库窗体应用程序的能力。

任务 10.1　安装 Visual Studio

Visual Studio 2010 是微软公司于 2010 年 4 月推出的基于.NET 架构的集成开发环境。目前有 5 个版本,即专业版、高级版、旗舰版、学习版和测试版。Visual Studio 2010 专业版的安装步骤如下。

(1) 双击 Visual Studio 2010 的安装文件,弹出如图 10-1 所示的对话框。

图 10-1　选择安装

（2）选择"安装 Microsoft Visual Studio 2010"，弹出如图 10-2 所示的对话框。

图 10-2 加载安装组件

（3）加载完安装组件后，单击"下一步"按钮，进入如图 10-3 所示的对话框。

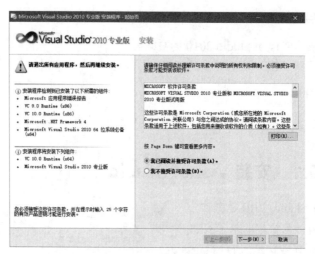

图 10-3 接受条款

（4）选中"我已阅读并接受许可条款"单选按钮，单击"下一步"按钮，弹出如图 10-4 所示的对话框。

（5）提供两种安装功能的选择：全部安装或自定义安装。选择"完全"表示安装所有功能，选择"自定义"表示自定义安装语言和工具。通过单击"浏览…"按钮，可确定安装路径。选择"完全"后，单击"安装"按钮，开始安装，如图 10-5 所示。安装过程中需要重启一次计算机。

（6）安装完成后，如图 10-6 所示。

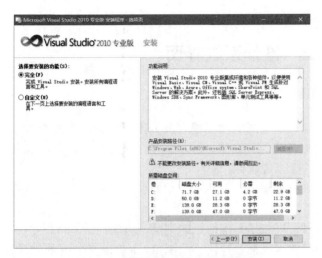

图 10-4 选择安装功能和安装路径

图 10-5 安装过程

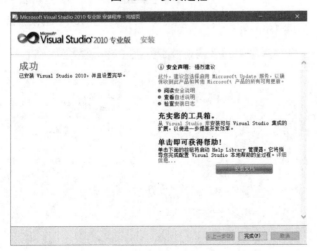

图 10-6 安装成功

任务 10.2　设计系统界面

10.2.1　功能模块

学生成绩管理系统的功能模块分为用户登录、系统管理、系部信息管理、教师信息管理、班级信息管理、学生信息管理、课程信息管理、成绩信息管理和综合查询统计。

其中，系统管理模块包括用户信息浏览、用户添加、更新、删除和更改密码功能。

系部信息管理包括系部信息的浏览、添加、更新和删除功能。

教师信息管理包括教师信息的浏览、添加、更新和删除功能。

班级信息管理包括班级信息的浏览、添加、更新和删除功能。

学生信息管理包括学生信息的浏览、添加、更新和删除功能。

课程信息管理包括课程信息的浏览、添加、更新和删除功能。

成绩信息管理包括成绩信息的浏览、添加、更新和删除功能。

10.2.2　界面设计

1. 用户登录

根据账号和密码登录本系统。如果账号或密码错误，会提示"账号或密码错误"；如果正确，则进入系统的主界面，登录界面如图 10-7 所示。

图 10-7　登录界面

2. 主界面

主界面如图 10-8 所示。

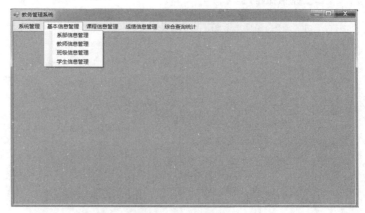

图 10-8　主界面

3．学生信息管理

对学生信息进行浏览、添加、更新和删除操作，界面如图 10-9 所示。左边控件显示所有学生信息。单击"添加"按钮，进入添加窗体完成学生信息添加。单击"更新"按钮，更新选中学生的记录。单击"删除"按钮，经过确认后，删除选中的学生记录。单击"关闭"按钮，关闭此窗体。

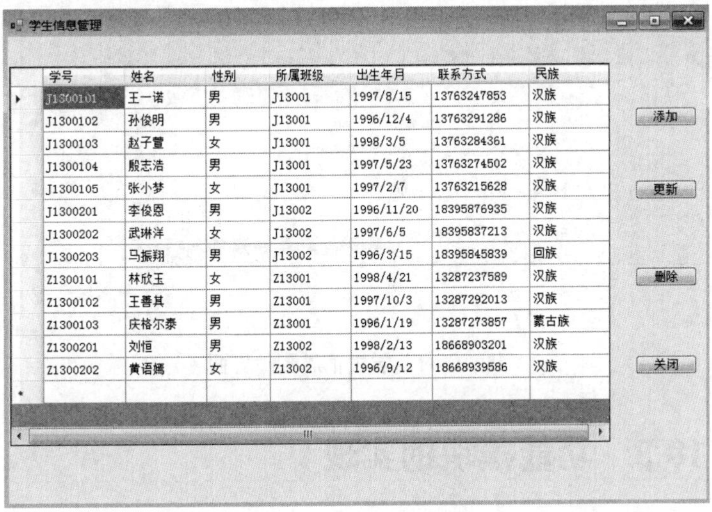

图 10-9　学生信息管理界面

4．学生信息添加

将一条学生信息添加至数据库。要求从班级表中能读取出所有班级供用户选择，学号、姓名和班级不能为空，出生年月如果有输入，则必须为有效日期，界面如图 10-10 所示。单击"保存"按钮，完成添加。

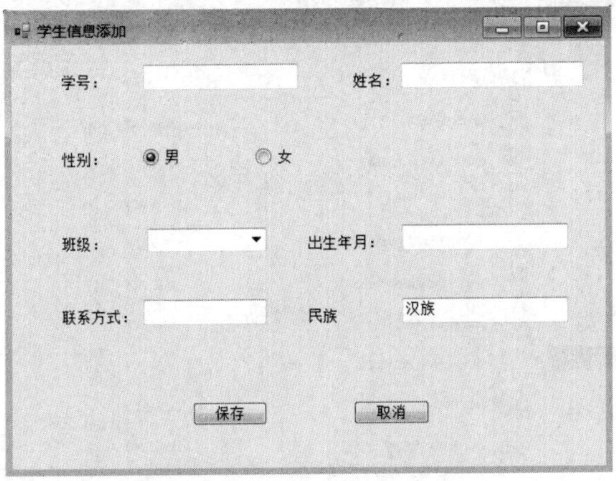

图 10-10　学生信息添加界面

5．学生信息删除

在左边显示学生信息的控件中，选中要删除的记录，单击"删除"按钮，经过用户确认后删除，界面如图 10-11 所示。

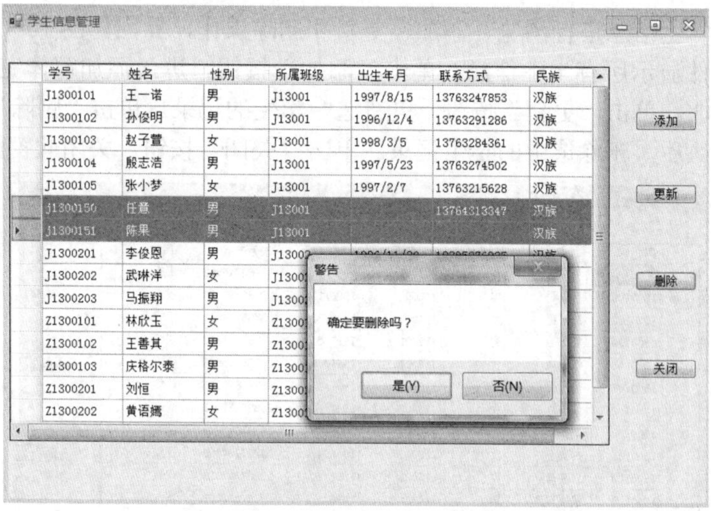

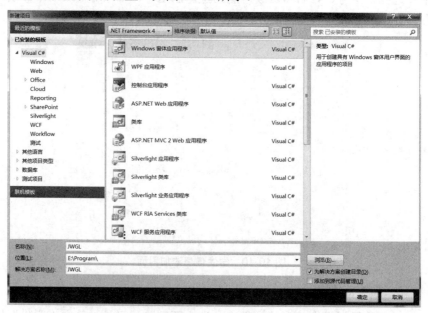

图 10-11 学生信息删除界面

⚠ 任务 10.3   功能模块的实现

10.3.1   创建项目

启动 Visual Studio 2010，选择"文件"→"新建"→"项目..."命令，在打开的"新建项目"窗口中，选择"Windows 应用程序"，输入项目名称 JWGL，并选择项目位置，如图 10-12 所示。

图 10-12   新建项目

10.3.2　用户登录

1．界面可视化设计

添加登录窗体，命名为 FrmLogin。按设计要求在此窗体中添加控件。在属性面板中修改窗体和控件的属性。

2．编写代码

（1）将登录窗体作为启动窗体。在 Program.cs 中，将 Main 方法改为如下。

```
static void Main()
    {
        Application.EnableVisualStyles();
        Application.SETCompatibleTextRenderingDefault(false);
        Application.Run(new FrmLogin());
    }
```

（2）在 FrmLogin.cs 中添加命名空间。

```
using System.Data.SqlClient;
```

（3）编写"登录"按钮的 Click 事件处理方法，代码如下。

```
private void btnLogin_Click(object sender, EventArgs e)
    {
        //验证账号和密码是否为空
        string login=txtLogin.Text.Trim();
        string pwd=txtPwd.Text.Trim();
        if (string.IsNullOrEmpty(login) || string.IsNullOrEmpty(pwd))
        {
            MessageBox.Show("账号和密码不能为空");
            return;
        }
        //判断账号和密码是否正确
        private string connStr = "server=.; database=StuScore;uid=sa;pwd=123456";
        SqlConnection conn = new SqlConnection(connStr);
        string sql = "select count(*) from users where login=@login and pwd=@pwd";
        SqlParameter p1 = new SqlParameter("@login",login);
        SqlParameter p2 = new SqlParameter("@pwd", pwd);
        SqlCommand cmd = new SqlCommand(sql,conn);
        cmd.Parameters.Add(p1);
        cmd.Parameters.Add(p2);
```

```
        try
        {
            conn.Open();
            int count = (int)cmd.ExecuteScalar();
            if (count > 0)
            {
                this.Hide();
                FrmMain frm = new FrmMain();
                frm.Show();
            }
            else
            {
                MessageBox.Show("账号或密码错误");
            }
        }
        catch (Exception ex)
        {
            MessageBox.Show(ex.Message);
        }
        finally
        {
            IF (conn.State == ConnectionState.Open)
            {
                conn.Close();
            }
        }
    }
```

10.3.3　主界面

1．界面可视化设计

添加主界面窗体，命名为 FrmMain。按设计要求在此窗体中添加菜单项，在属性面板中将窗体的 IsMdiContainer 属性设置为 TRUE。

2．编写代码

编写学生信息管理菜单项的 Click 事件处理方法，代码如下。

```
private void 学生信息管理 ToolStripMenuItem1_Click(object sender, EventArgs e)
{
    FrmStudentDisplay frm = new FrmStudentDisplay();
    frm.MdiParent = this;
    frm.Show();
}
```

10.3.4　学生信息管理

1．界面可视化设计

添加学生信息管理窗体，命名为 FrmStudentDisplay。按设计要求在此窗体中添加控件。在属性面板中修改窗体和控件的属性。

2．编写代码

（1）添加命名空间。

```
using System.Data.SqlClient;
```

（2）声明数据成员。

```
DataSet set;
SqlDataAdapter adapter;
//连接字符串
private    string connStr = "server=.; database=StuScore;uid=sa;pwd=123456";
```

（3）编写方法，实现学生信息装载功能，代码如下。

```
private DataSet LoadData()
    {
        DataSet setStudents = new DataSet();
        string sql = "select * from students";
        SqlConnection conn = new SqlConnection(connStr);
        adapter = new SqlDataAdapter(sql,conn);
        try
        {
            adapter.Fill(setStudents, "students");
        }
        catch (Exception ex)
        {
            MessageBox.Show(ex.Message);
        }
        return setStudents;
    }
```

（4）编写窗体的 Load 事件处理方法，代码如下。

```
private void FrmStudentDisplay_Load(object sender, EventArgs e)
    {
        set= LoadData();
        dgvStudent.DataSource = set.Tables["students"];
    }
```

（5）编写刷新学生记录的方法，代码如下。

```
private void RefreshStudents()
{
  set = LoadData();
  dgvStudent.DataSource = set.Tables["students"];
}
```

（6）编写"添加"按钮的 Click 事件处理方法，代码如下。

```
private void btnInsert_Click(object sender, EventArgs e)
    {
        FrmStudentInsertUpdate frm = new FrmStudentInsertUpdate();
        if (frm.ShowDialog() == DialogResult.OK)
        {
            RefreshStudents();
        }
    }
```

（7）编写"删除"按钮的 Click 事件处理方法，代码如下。

```
private void btnDelete_Click(object sender, EventArgs e)
    {
        if (dgvStudent.SelectedRows.Count > 0)
        {
        if (MessageBox.Show("确定要删除吗？", "警告", MessageBoxButtons.
YesNo) == DialogResult.Yes)
        {
            int c = dgvStudent.SelectedRows.Count;
            foreach (DataGridViewRow row in dgvStudent.SelectedRows)
            {
                dgvStudent.Rows.Remove(row);

            }
            SqlCommandBuilder builder = new SqlCommandBuilder(adapter);
            adapter.Update(set, "students");
        }
    }
        else
        {
        MessageBox.Show("请选择要删除的记录");
        }
    }
```

10.3.5　学生信息添加

1．界面可视化设计

添加学生信息添加窗体，命名为 FrmStudentInsertUpdate。按设计要求在此窗体中添加控件。在属性面板中修改窗体和控件的属性。

2．编写代码

（1）添加命名空间。

```
using System.Data.SqlClient;
```

（2）声明数据成员。

```
private string connStr = "server=.\\nature;database=jwgl;uid=sa;pwd=123456";
```

（3）编写方法，实现班级信息装载功能，代码如下。

```
private DataSet LoadClass()
    {
        string sql = "select classid from classes";
        SqlConnection conn = new SqlConnection(connStr);
        SqlDataAdapter adapter = new SqlDataAdapter(sql, conn);
        DataSet set = new DataSet();
        try
        {
            adapter.Fill(set, "classes");
        }
        catch (Exception ex)
        {
            MessageBox.Show(ex.Message);
        }
        return set;
    }
```

（4）编写窗体的 Load 事件处理方法，将班级信息填充到 cboClass 控件，代码如下。

```
private void FrmStudentInsertUpdate_Load(object sender, EventArgs e)
{
    DataSet set=LoadClass();
    cboClass.DataSource = set.Tables["classes"];
    cboClass.DisplayMember = "classid";
    cboClass.ValueMember = "classid";
}
```

（5）编写数据验证的方法。要求学号、姓名和班级不能为空；出生年月若输入，必须为有效日期，代码如下。

```
private bool Check()
{
  if (string.IsNullOrEmpty(txtSno.Text) || string.IsNullOrEmpty(txtSName.Text) ||
string.IsNullOrEmpty(cboClass.Text))
  {
    MessageBox.Show("学号，姓名，班级不能为空");
    return false;
  }
  else
  {
    if (!string.IsNullOrEmpty(txtBirthday.Text))
    {
      DateTime birthday;
      //是否能转换为有效日期
      if (!DateTime.TryParse(txtBirthday.Text, out birthday))
      {
        MessageBox.Show("请输入有效日期");
        return false;
      }
    }
  }
  return true;
}
```

（6）编写"保存"按钮的 Click 事件处理方法，将学生信息添加至数据库，代码如下。

```
private void btnSave_Click(object sender, EventArgs e)
{
  if (Check())//数据验证
  {
    //获得控件中的数据
    string sno = txtSno.Text.Trim();
    string sname = txtSName.Text.Trim();
    string gender = rboMale.Checked ? "男" : "女";
    string classid = cboClass.Text;
    DateTime? dt = null;
    DateTime? birthday = string.IsNullOrEmpty(txtBirthday.Text.Trim()) ? dt :
DateTime.Parse(txtBirthday.Text.Trim());
    string phone = string.IsNullOrEmpty(txtPhone.Text.Trim()) ? null : txtPhone.
Text.Trim();
    string nation = string.IsNullOrEmpty(txtNation.Text.Trim()) ? null : txtNation.
Text.Trim();
```

```
//数据库操作：添加
SqlConnection conn = new SqlConnection(connStr);//数据库连接对象
string sql = "insert into students(sno,sname,gender,classid,birthday,phone,
nation)
values(@sno,@sname,@gender,@classid,@birthday,@phone,@nation)";
SqlParameter[] ps=new SqlParameter[7];
ps[0] = new SqlParameter("@sno", sno);
ps[1] = new SqlParameter("@sname", sname);
ps[2] = new SqlParameter("@gender", gender);
ps[3] = new SqlParameter("@classid", classid);
ps[4] = new SqlParameter("@birthday", birthday == null ? (object)DBNull.
Value : birthday);
ps[5] = new SqlParameter("@phone", phone==null?(object)DBNull.Value:
phone);
ps[6] = new SqlParameter("@nation", nation == null ? (object)DBNull.
Value : nation);
SqlCommand cmd = new SqlCommand(sql, conn);//数据库操作对象
foreach (SqlParameter p in ps)
{
    cmd.Parameters.Add(p);
}
try
{
    conn.Open();
    int result = cmd.ExecuteNonQuery();
    if (result > 0)
    {
        MessageBox.Show("添加成功");
        //刷新
        this.DialogResult = DialogResult.OK;
    }
    else
    {
        MessageBox.Show("添加失败");
    }
}
catch (Exception ex)
{
    MessageBox.Show(ex.Message);
    throw;
}
finally
{
    if (conn.State == ConnectionState.Open)
    {
```

```
        conn.Close();
      }
    }
  }
}
```

任务 10.4   拓展训练

10.4.1   训练目的

（1）熟悉软件开发的流程。

（2）学会使用 C#（或其他高级语言）开发数据库应用系统。

10.4.2   训练内容

参照本章实例，使用 C#（或其它高级语言）设计开发一个具有基本信息维护、借阅业务和查询的校园图书管理系统。

系统应具有以下功能：

（1）图书信息维护，主要包括图书的入库登记等操作。

（2）读者信息维护，主要包括读者信息的添加、修改、删除等操作，只能合法读者才有权限借阅图书。

（3）借书/还书处理，主要包括读者的借书、还书信息的登记和管理等操作。

（4）查询，主要包括图书超期未归还的读者信息查询统计。